高职高专规划教材

环境绿化设计

(环境艺术设计专业适用)

深圳职业技术学院
刘伟平 编著

中国建筑工业出版社

图书在版编目(CIP)数据

环境绿化设计/刘伟平编著. —北京：中国建筑工业出版社，2007

高职高专规划教材. 环境艺术设计专业适用

ISBN 978-7-112-04839-7

Ⅰ. 环… Ⅱ. 刘… Ⅲ. 绿化—环境设计—高等学校：技术学校—教材 Ⅳ. TU986.2

中国版本图书馆 CIP 数据核字(2007)第 080805 号

本书为环境艺术设计专业高职高专规划教材，理论与实践并举，系统介绍了环境绿化的基础理论知识。全书共七章，分别阐述了城市环境绿化设计、中外园林环境绿化风格和流派、园林设计制图、植物造景、绿色空间的利用、室内绿化设计和城市园林式绿化等几个方面的内容。

本书既可作为高职高专环境艺术设计与园林设计专业教材，也可作为建筑规划部门、园林绿化行业、花卉种植行业等相关专业岗位的培训教材和专业人员的参考用书。

* * *

责任编辑：张　晶　朱首明

责任设计：赵明霞

责任校对：王雪竹　王　爽

高职高专规划教材

环境绿化设计
（环境艺术设计专业适用）

深圳职业技术学院

刘伟平　编著

*

中国建筑工业出版社出版、发行(北京西郊百万庄)

各地新华书店、建筑书店经销

北京天成排版公司制版

北京市铁成印刷厂印刷

*

开本：787×1092毫米　1/16　印张：6　字数：143千字

2007年7月第一版　2007年7月第一次印刷

印数：1—3000册　定价：**15.00**元

ISBN 978-7-112-04839-7

(10317)

版权所有　翻印必究

如有印装质量问题，可寄本社退换

(邮政编码 100037)

序　言

美国的阿波罗登月计划让生活在地球上的人类，有机会看到茫茫的宇宙中的地球，对此人们无比惊讶，人们认识到在茫茫如夜的宇宙中地球是那样的美丽。

地球之所以美丽是因其有水、有空气、有绿色植物与生命。丰富的绿色植物滋养着地球上无数的生命系统，为地球上的生命创造了富足、美丽，易于生存的环境。

对于我们人类，绿色植物有着特殊的意义。在进化、发展的过程中，我们的祖先完全生活在这个绿色的环境之中。从植物中获取生命所需的能量、养分，终日离不开绿色植物。通过阳光，人眼中的刺激、脑中的认知，绿色的信息占据了绝大部分。在漫长的进化过程中，绿色渐渐地变成了人类心灵中最适应的"背景色"，它和人的情感紧密地结合在一起——绿色的环境使人类安心、平和、舒适，进而感到愉快！绿色成了人类心灵中抹不去的原始性的记忆。

在美丽的地球上我们人类建立了自己的文明，但因为我们自己的大规模开采、砍伐，使地球环境受到严重破坏。现代化的大都市为我们提供了全新的生活方式，然而面对迅速变化了的生存环境，几十万年间大自然赋予人类的生理、心理的许多特性显现出了不适，诸多问题困扰着人类。面对地球环境与社会的种种危机，我们人类开始反思，开始认识到了地球环境的重要。"绿色设计"是这种地球环境意识的一个体现，在充满压力与竞争的现代化城市中，使有益于地球环境、更能安抚我们人类心灵的大自然的绿色植物融入我们的环境与生活，是我们人类认识自然、认识自我的又一进步，是创造城市"第二春"的"本质力量"。

如何使绿色植物能够和现代城市环境有机、合理地结合起来？近年来新兴设计领域有广泛应用前景，刘伟平老师以多年对现代设计的研究为视角，编写了这本非常有益的教材。它以绿色植物为中心，从城市的生态、绿化设计到环境景观园林室内的绿色设计，丰富详尽而充实，内容新颖，为我们提供了系统的理论与方法。希望通过这本教材将这种有益的思想与方法传播给更多的人，使我们的生活环境更怡人，使地球环境更美丽。

《环境绿化设计》这本教材，能够理论联系实际，具有针对性、实用性和可操作性，并且紧跟专业学科最新发展趋势，是目前环境艺术设计与园林设计等相关专业急需的教材。本书既可作为高职高专教材，也可作为房地产开发、市政工程、建筑规划、园林绿化等有关行业和部门的培训教材和专业人员的参考资料。

潘　杰

日本东京艺术大学博士

前　言

在现代化的进程中，许多城市的发展不是受自然规律或科学艺术法则的调节，而是受经济规律的左右，城市变成了钢铁、混凝土和沥青组成的"城市荒漠"和"灰色空间"，无节制的生产和消费活动，产生了大量的污染，自然生态平衡日益遭到破坏。众所周知，阳光、空气和绿化是城镇居民生活必不可少的三大要素，其中绿化对城市的气温、湿度、环境的调节和美化市容市貌等都有重要影响，被人们誉为城市的"肺"。科学的绿化与景观设计，可以改变城市环境，减少城市空间的有害物质，更重要的是它在创造有形的城镇空间、街道、建筑形象及环境的同时，不断地变幻和丰富超越于具象之外的意境美和景观艺术美。一个成功的绿化与景观设计能为这座城市增添无限生机与活力，创造城市的"第二春"，同时也创造了自身的"本质力量"。这种本质力量不仅包括视、听、嗅、味、触觉五种"自然感官"的力量，而且还包含着思维、情感、意志、生活方式等所谓"精神感官"的力量。

绿化设计是环境艺术的重要组成部分，也是人类文明改造自然环境的结晶，在世界范围内的源流通常分为三大体系，即：中国、西亚、欧洲；它们反映了不同地区文化艺术方面的精髓。人类文明进入工业社会后，美国承袭了欧洲崇尚自然的风景式造园风格，并将其引入现代城市文明生活，首创了现代城市公园类型。各国人民重视塑造环境，为人类创造优美的生活空间，也为人类留下了宝贵的精神财富。

《环境绿化设计》作为一门专业技能课，可在相关行业如房地产开发、花卉种植、园林绿化、市政工程、建筑规划等涉及环境绿化设计的专业教学中得到广泛应用。本书内容理论与实践并举，系统介绍了环境绿化的基础理论知识，并对国内外先进的城市绿化实例进行案例剖析介绍，以突出高等职业技术教学实践性强的特点。寓教、学、做于一体的教学方法始终贯穿于本教材，重点培养学生的实践能力和动手操作能力，使他们能在较短的时间内掌握实用的设计方法和技能。

本书由深圳职业技术学院刘伟平老师主编，并编写了第一、二、四、五、六章；第三章由宋玲编写；第七章由黄兆华编写。全书由中国美术学院艺术设计职业技术学院王其全和胡佳老师主审，并提出宝贵意见，特此表示感谢。

目 录

第一章 城市环境绿化设计 …………… 1
 第一节 构建城市生态环境 …………… 1
 第二节 城市绿化设计的原则和分类 … 2
 第三节 环境绿化景区设计 …………… 3
 第四节 景观设计 ……………………… 8
第二章 中外园林环境绿化风格
   和流派 ……………………………… 18
 第一节 各国不同时代的园林风格 … 18
 第二节 环境绿化与景观设计
   的空间意境 ……………………… 24
第三章 园林设计制图 …………………… 28
 第一节 制图工具及用品 …………… 28
 第二节 图纸、比例、线型和字体 … 31
 第三节 园林设计图的常用类型 …… 34
 第四节 投影概念和练习 …………… 36
 第五节 制图画法和范例 …………… 38
第四章 植物造景 ………………………… 47
 第一节 植物的分类 ………………… 47
 第二节 植物配置的基本技艺 ……… 50
 第三节 花草植物设计 ……………… 57
 第四节 植物群落设计 ……………… 61
 第五节 植物配置原则 ……………… 63
第五章 绿色空间的利用 ……………… 65
 第一节 新绿化空间 ………………… 65
 第二节 屋顶绿化 …………………… 68
 第三节 屋顶绿化的种植工程 ……… 71
第六章 室内绿化设计 ………………… 75
 第一节 绿化与空间 ………………… 75
 第二节 室内不同功能空间
   的绿化设计 ……………………… 79
 第三节 室内花卉的选择 …………… 82
第七章 城市园林式绿化 ……………… 84
 第一节 企事业单位的花园式绿化 … 84
 第二节 住宅小区的花园式绿化 …… 87
 第三节 公共空间的绿化 …………… 87
主要参考文献 …………………………… 89

第一章　城市环境绿化设计

第一节　构建城市生态环境

人类源于自然，依环境而生活，依社会而成熟，更依靠科学的、合乎自然规律法则的改造环境而提高生活品质。重视生态环境系统工程建设，将会造福人类及子孙万代；相反，藐视生态环境系统工程，就会祸国殃民。城市环境中的自然环境及人造自然环境是人赖以生存的基本保证。联合国生态圈生态与环境组织曾就各国首都绿化环境的标准提出：城市绿化面积达到平均每人 $60m^2$ 的，为最佳居住环境。世界发达国家都相应制定了法规以加强环境绿化，创造良好的人文自然环境。如为了改善人们的生活环境，英国在新城市和居住区建设中，提出"生活要接近自然环境"的理念(图1-1)。

图1-1　城市公共绿地

以深圳为例，深圳从最初的粗放型大铺摊子搞建设到现在的集约化区域建设，小区环境从简单的实用型绿化向艺术精品型绿化转化，并制定了《深圳市城市总体规划(1996～2010)》(获国务院批复)，获第二十五届国际建筑师大会颁发的UIA城市规划奖，还连续两届荣获"国家环境保护模范城市"。现在的深圳"春有花、夏有荫、秋有果、冬有绿"，四季景色优美，可以说是在走一条实实在在的园林式、花园式的城市建设路子，逐步健全城乡一体化的生态环境系统(图1-2)。

图1-2　深圳职业技术学院校园人工湖

无节制的城市建造与发展，破坏了自然环境对生态的基本平衡。城市绿化与生态环境规划就是在维持城市生态平衡的基础上，为了改善城市环境、美化城市生活，利用风景园林及一切在城市种植的各类植物内在功能的效益和外在作用的景观效果，模拟自然而又超自然的具有自我调节能力的生态系统，以一定的绿化生物量为基础，提高环境质量，创造城市生态绿化环境。利用一切可能的人为手段与方法，尽量地发展和扩大城市植物生物总量，并开拓室内外绿化空间，保护自然的水、土、山、石，因地制宜，利用建筑物、桥体等一切可以利用的载体，进行垂直、立体、屋顶绿化的设计（图1-3、图1-4）。

图1-3　人文环境与自然环境结合

图1-4　人文环境与自然环境结合

第二节　城市绿化设计的原则和分类

一、城市绿化规划设计的基本原则

1. 根据当地条件和城市发展规划，确定绿化与景观的系统规划的原则。

2. 合理规划城市绿化的布局，确定其位置、性质、范围、风格、面积。

3. 根据本城的发展规模，拟定城市绿地分期达到的各项指标。提出城市园林绿地系统的改造、提高计划。

4. 编制城市绿化和景观系统规划的图纸和文件。

5. 对于重点的公共绿化和景观，可根据实际需要制订出示意图和规划方案，提出设计任务书。内容包括绿地的性质、位置、周围环境、服务对象、估计人流量、布局形式、艺术风格、主要设施的项目与规划、建设年限，作为绿化和景观设计的规划依据。

二、绿化布局设计的方法

绿化设计能使城市绿地获得最大的生态、社会及经济效益，各种绿地的布局方法都可遵循以下原则：

1. 网络分割原则

充分发挥生态效益，绿地相互连接、包围、分割市区，把以建筑为主的市区分割成小块，整个城市外围也以绿带环绕，如此可充分发挥绿地的改善环境和防灾的效果。

2. 服务范围均匀分布原则

不同级别、类型的公园一般不互相代替，要使每户居民都能方便地利用就近的公园和居民区、企事业单位、公共场所等周边的绿化公园，从而达到城市园林化。

3. 隔离、防护、净化原则

在大气污染源、噪声源与生活居住区、学校、医院之间用防护绿地和绿化带加以隔离，中心广场、交通枢纽用绿地和树木来净化空气。

4. 结合现状原则

结合山脉、河湖、坡地等建造绿地，并连成脉络，把已有的公园绿地、道路、景观、绿地、植被较好的地段尽可能地组织到绿化系统中来。

三、城市绿化的类型

1. 绿地的分类

（1）按绿地的位置分

1）城区绿地；

2）郊区绿地。

（2）按绿地服务范围分

1）公用绿地：供城镇市民使用的公共

性绿地；

2) 专用绿地：在单位范围内，供本单位专用的绿地。

2. 城市绿地的分类及特征

（1）公共绿地

公共绿地指公开开放的，供市民休息、游览的公园绿地。它包括动物园、植物园、体育公园、儿童公园、纪念性园林、名胜古迹园林、游息林荫带等。

（2）道路交通绿地

道路交通绿地指居住区级道路以上的道路绿化用地，包括行道树及交通岛绿地、立交桥及桥头绿地、公路及铁路防护绿地等。

（3）专用绿地

1) 工业、企业、仓库内绿地；

2) 公用事业绿地：如公交车停车场、水源厂、发电厂、污水及污物处理厂等的内部绿地；

3) 公共建筑庭园：机关、学校、商业服务、医院、文化宫、影剧院、体育馆等的内部绿地。

（4）居住区绿地

居住区绿地是居住用地的一部分。居住用地中除去居住建筑用地外，还包括：

1) 宅旁绿地（图1-5）；

2) 居住区游园；

3) 居住区道路绿地。

图1-5　宅旁绿地

第三节　环境绿化景区设计

一、景区设计

1. 景色分区

景色分区是指将自然景色与人文景观突出的某片区域划分出来，并拟定某一主题进行统一规划。

城市环境由植物、地面、水面以及各种建筑组成，环境绿化的规划设计必须将绿地的构成元素与周围建筑的功能特点和当地的文化艺术因素等综合起来考虑，尤其要重点考虑文物古迹、民间传说、名贵植物、有特色的建筑或山水等，要确定重点景区，这也是我国园林特有的规划方法。

景色分区的重要手法就是："点、线、面结合"，保持绿化空间的连续性。分散型的绿地和组团绿地是"点"；街道的绿化带是"线"；公园、公共绿地和居住区公园是"面"。点是基础，面是中心，线是联系点与面的过渡。

2. 功能分区

功能分区是将各自的规模、服务半径、服务人口和服务对象进行划分。室外空间多种花草树木，以绿化为主，分别划分为：社区公园、主题公园、近邻公园、居住区公园、街景公园等。其中分区规划将其划分为：①公共设施区（演出舞台、公共游艺场等）；②文化教育设施区（剧场、美术馆、博物馆、展览馆等）；③体育活动设施区；④儿童活动区；⑤安静休息区；⑥经营管理设施区。

景色分区是从艺术形式的角度来考虑环境绿化的布局，储蓄优美，趣味无穷；功能分区从实用的角度来安排布局，具有较高的文化品味和综合性，实用方便。一个成功的综合设计规划应当力求达到功能与艺术这两方面的有机统一。例如杭州市花港观鱼公园，充分利用原有地形特点，发展了历史形成的景观特点，组成鱼池古迹、大草坪、红鱼池、牡丹园、密林区、新花港等6个景区。鱼池古迹在此可以怀旧，作今昔对比；新花港区设有茶室，是品茶、坐赏湖山景色的佳处。

二、景点规划

景点是构成景区的基本单元，它具有一定的独立性。若干个景点构成一个景区。景点规划有两个关键的环节，即选景和造景。

1. 选景

一个设计的具有一定观赏价值的成功景点，是通过诸多因素（自然地形、植被状况、人文景观资料）的调查研究，结合功能要求，通过设计师的艺术创造，而设计出来的。选景就像选题一样，题选得好，作者发挥的余地就大。选景的好与不好，直接影响到整个景区的成功与否。选景要根据具体情况，进行周边环境的研究比较，再确定景点位置，整个景区的设计以景点为主，也就是说以景点为中心。有了良好的自然条件可以因借，便能取得事半功倍的效果。但在自然条件贫乏的城市用地上造园，只要根据园林性质和规划要求，因地制宜、因情制宜的设计、塑造景区，也能创造出风格新颖、多姿多彩的景观来。例如深圳的世界之窗、民俗村等，就是人造景观的优秀实例。

2. 造景

造景是将自然中的风景和人工造景中的主题因素加以提炼、加工，使之"升华"，成为有观赏价值的景观。造景的手法有以下几种类型：

（1）主景与配景

景无论大小均有主景与配景之分。主景是景区中景色的重点、核心，是全园视线的控制焦点，在艺术上富有较强的感染力。配景相对于主景而言，主要起陪衬主景的作用。造景中突出主景的手法有：

1）主体升高。使观赏者仰视观赏，这样可以将简洁、明朗的蓝天为背景，使主体的造型轮廓线鲜明、突出，从而成为主景。如广州越秀公园的五羊雕塑。主景主体升高，相对地使视点降低，主体显得更加高大、突出，这是表示主体的最佳方式，主体体积没有加大，但却有高大雄伟的感觉（图1-6、图1-7）。

图1-6　主体升高

图1-7　流水别墅

2）运用轴线。轴线是园林风景或建筑物发展、延伸的主要方向。一条轴线需要一个有力的端点，否则会感到这条轴线没有结束。一般常把主景设置在轴线的端点或相交点上。长沙烈士公园的纪念塔采用主体升高和轴线的方法，使烈士塔成为主景。

3）动势向心。四面围合的空间，如水面、广场、庭院等，其周围的景物往往具有向心动势。若在动势的向心处布置景物，则可形成主景，如水面上的桥、岛等。风景点的动势集中于中心，便成了"众望所归"的构图中心。例如，西湖周围的建筑布置都是向湖心的。

4）空间构图的重心。将景物布置在景区空间的重心处，即可构成主景。如果是规则式景区，则几何中心就是构图中心；而自然式景区则要根据形成空间的各种物质要素以及透视线所产生的动势来求其均衡的重心。由于构图的重心处最稳定，所以安排的景物常成为主景（图1-8）。

图1-8　巨榕、庭石和绿地的组合形成景观构图中心

(2) 前景、中景与背景

在环境绿化与景观设计中，为了增加景物的深远感，常在空间距离上划分出前景、中景和背景（也叫近景、中景和远景）。一般前景和背景都是为突出中景服务的。不一定每个景点都要具备前景、中景与背景，宜视造景要求而定。如需开朗宽阔、气势宏伟的景观，前景就可省去，中景有简洁的背景予以烘托即可。又如一些大型建筑物前的绿化，往往采用较为低矮的小灌木、草坪和山石、水池等作为前景，来突出建筑物本身，此时背景也就没有什么必要了（图1-9）。

图1-9　前景、中景与背景

在前景的处理上，采用框、夹、漏、添四种技法，所形成的景分别叫框景、夹景、漏景和添景。

1）框景。凡利用门、窗、树、山洞、桥洞等有选择地摄取另一空间景色的手法，叫做框景。《园冶》中讲："借以粉壁为纸，而以石为绘也，理者相石皱纹，仿古人笔意，植黄山松柏，古梅美竹，收之园窗，苑然镜游也。"例如，北海的"看画廊"、颐和园的"画中游"，均是采用框景的设计手法来造景的。框景设计应对景开框或对框设景，框与景互为对应，共同形成景观。

2）夹景。为了突出景色，常将树丛、树列、山石、建筑物等左右两侧加以屏障，形成较为封闭的狭长空间，这左右两侧的景观就叫做夹景。夹景是运用透视线、轴线突出对景的方法之一，它可使观者视线集中于对景上，并增加园景的深远感。

3）漏景。漏景是由框景发展而来的。框景景色全现，漏景景色则若隐若现，含蓄雅致，是空间渗透的一种主要方法。漏景不仅限于漏窗、漏花墙等建筑设施，疏林、树干、枝叶等也可形成漏景。

4）添景。添景是相对于没有前景而又需要前景的景观而言的。如中景体量过大或过小，需要添加一些景观要素以便与周围环境协调；或是中景与游人之间缺乏过渡等，均可用添景的办法加以处理。添景的材料很丰富，各种造园要素均可形成添景。

（3）借景

根据造景的需要，将景区内视线所及的景区外景色组织到景区内来，成为景区内的补充，浑然一体，相辅相成，称为借景。借景能扩大空间，增加层次，充实画面，丰富景观。借景依环境、地点、视角、距离等而不同，有以下几种手法：

1）近借。近借主要借邻近景物。把邻近的景色组织起来，周围的环境是邻借的依据，周边的景物，只要是能够利用成景的都可以利用。例如苏州沧浪亭，就是借景的一个好范例。沧浪亭内缺水而园外有河，它在临水的一面建复廊，廊间设花墙，园内园外，似隔非隔。由园外透过漏窗可观园内景色，从园内透过漏窗又可领略园外水景，在不经意间将园外的水景组织到园内来，借景之妙，妙不可言。

2）远借。远借是借用远处的景物，来充实近景的构图。近景往往建在高处，以便获得更多的景色，还可以利用一些有利地形，开辟透视线，也可堆假山、叠高台，修建一些醒目、突出的景观。如颐和园的玉泉山、无锡寄畅园的借惠山都是远借景色的经典之作。

3）因时而借。春夏秋冬四季不同，自然景色也随季节的变化产生不同的景色效果。造景时巧借季节、时间等因素来构成景区。例如杭州西湖十景中，"苏堤春晓"是春景；"曲院荷风"是夏景；"平湖秋月"是秋景；"断桥残雪"是冬景。一日之中的变化也是丰富多彩，"泰山观日"是晨景；"黄山夕阳"是晚霞之景；"三潭印月"是夜景。这种因时而借、借景命名的方法在中国古典园林中时常采用。

3. 点景

点景集诗词、书法、雕刻等艺术形式于一体，它通过概括、提炼等手法突出景的主题，增加了诗情画意等人文因素，激发观者的共鸣，产生无限的艺术联想，起到了画龙点睛的作用。各种景区题咏的内容和形式是造景中不可分割的组成部分。设计师要善于抓住每一景观特点，根据它的性质、用途，结合空间环境的景象和历史，采取形式多样、丰富多彩的设计手法，突出重点，使景区艺术效果高潮迭起，形成浓郁的文化氛围。

4. 对景

对景是利用各种绿化设计元素，如地形、山石、植物、建筑等来组织空间，并在各种空间之间创造相互呼应的景观。

凡位于绿化区的轴线及风景视线端点的景均叫对景。位于轴线一端的景叫正对景；轴线两端都有景，则称为互对景。正对景在规则式园林中常成为轴线上的主景，如北京景山上的王亭是天安门—故宫—景山轴线的端点；在风景视线两端设景，两景互为对应，很适于静态观赏，为了观赏对景，要选择最精彩的位置，并设置供游览、休息、驻足观赏的场所，作为观赏点，如苏州拙政园中的远香堂和雪香云蔚亭、颐和园的龙王庙和佛香阁均为互对景。

5. 分景

分景是分割空间、增加空间层次、丰富景区中景观的一种造景技法。所谓"景愈藏，意境愈大，景愈露，意境愈小"就是这个道理。中国文化，忌"一览无余"，要含蓄有致、意味深长、引人入胜。分景常用于把绿化景区划分为若干空间，使景中有景，园中有园，湖中有岛，岛中有湖，园景虚虚实实，景色丰富多彩，空间变化多样。

（1）障景

凡是抑制视线、引导空间的屏障景物均为障景。障景一般采用突然逼近的手法，视线突然会受到抑制，而后视线逐渐开阔，有"山穷水尽疑无路，柳暗花明又一村"的感觉，即所谓"欲扬先抑，欲露先藏"的手法。在住宅中常用影壁、玄关等作为障景，在园林中常用假山、石墙作为障景。障景多位于入口处或自然式园路的交叉处等，以自然过渡为佳。让人可望不可及，产生欲穷其妙的向往和悬念，达到引人注目的效果。

（2）隔景

凡将绿化景区分隔为不同空间、不同景区的手法均称为隔景。隔景是视线被阻挡、但隔而不断的空间，景观互相呼应。隔景通常有实隔、虚隔和虚实隔3种手法。所谓虚实主要依隔景所用的材料而定，实墙、山体、建筑物等为实隔；水面、通廊、花架、漏窗、疏林、雕塑艺术造型等为虚隔；二者兼而有之，则为虚实隔。一水之隔是虚，虽不可越，但可望及；一墙之隔是实，不可越，也不可见。

运用隔景手法划分景区中的不同区域景色时，不但把不同意境的景物分隔开来，同时还可以使注意力集中在所分隔范围内的景区内，组成一个单元，不同景区互不干扰，避免了景区与景区之间，有骤然转变和不协调的感觉。

三、景线规划

景线是连接各景区、景点的线性因素。景线规划分为人流活动线规划和风景视线规划两种。

1. 人流活动线规划

多指人群步行的道路，是联结各景区以及各主要建筑景观的道路。人流活动线的平面布局常构成景区道路的骨架，多为"环形"、"8"字形，也有呈"F"、"田"字形的。湖边是游人最喜欢去的地方，因此，湖边设路时，切不可"镶边"，应根据地形和周围环境的景观要求，使路与水面，若即若离，有远有近，有藏有露。设计成功的人流活动线还起到了引导游人游览的作用，通过路的引导，将景区中主要景色，逐一展现在游人眼前，使人能从较好的位置去欣赏景致。

人流活动线在平面布置上宜曲不宜直，立面设计也要高低变化、错落有致，要达到步移景异、层次深远的景观效果。如果景区面积较小，人流活动线宜迂回靠边，这样可拉长距离，使游人不觉得景区小。通过道路的平面布置、起伏变化和材料及色彩图纹等来体现园林艺术的奇巧。

2. 风景视线规划

游览景区中设置的人流活动线在平面构图中是一条"实"线，而风景视线则是构图中的一条"虚"线，风景视线既可以与人流活动的方向一致，也可以离开人流活动线作上下纵横各个角度的观赏。

风景视线的设计需在"显"、"隐"二字上下功夫，在手法上主要有以下3种：

(1) 直截了当的风景线

这种手法的景观突出气势雄伟、众景先收、开阔明朗，多用于纪念性的景区、艺术表现性的景观。如深圳的世界之窗、香港大屿山的大佛、法国的凡尔赛公园、意大利的台地园以及我国南京的中山陵园均属此种手法。

(2) 半藏半露的风景视线

在山地丛林地带，主景在导游线上时隐时现，始终在前方引导，当游人到达主景时，已游完全部景色。为创造一种神秘气氛，多用此种手法。如苏州虎丘、山顶的云岩寺、隋代宝塔，很远就可看到，但行至虎丘近处塔影消失，进入山门，隋代宝塔又在树丛中隐约出现，游人在寻觅主景的过程中观赏沿途景色。待来到千人石、二仙亭等所组成的空间时，隋塔的若隐若现更激发了游人游览的兴趣。

(3) 深藏不露的风景视线

深藏不露是指景区、景点掩映在山峦丛林之中，由远处观赏，仅见一些景点的景观物的顶部或景观的某一边等，近观则全然不见所要寻找的景观，这时只能沿景区中的道路由A景点到B、C、D等景点，游人在游览中一步一景，不断地被吸引，被引人入胜的景象牵着鼻子走，直至进入高潮，给游人留下种种回味的乐趣，真有种"深山古刹传钟声"的意境。如苏州留园、昆明西山的华亭寺以及四川青城的山寺庙建筑群，皆为深藏不露的典型例子。良好的风景视线给以人们良好的视角和视域，才能获得最佳的风景画面和最佳的意境感受。

第四节 景观设计

绿色景观是环境绿化的组成要素，虽占地比例很小，但在环境绿化的布局和组景中却起着重要的作用。景观包括：自然景观、人文景观及社会景观三个方面。

一、自然景观

(1) 气象景观

云、雨、风、雪、阳光、雾、露、彩虹等。

(2) 山水景观

山川、江河、湖泊、大海、溪水、陡地、地形、地貌等。

(3) 植物景观

森林、树木、绿地、青山、花卉等。

自然景观主要包括：山水地形、气象景观、水景、植物等。进行景观设计时，要充分认识它们的特征及潜在的美学价值，要因地制宜，因势利导，最大限度地保持自然美的优势和发挥自然美的潜质，减少人工雕琢的痕迹，要巧夺天工、浑然天成（图 1-10、图 1-11、图 1-12、图 1-13）。

图 1-10 自然景观

图1-11 自然景观

图1-12 自然景观

图1-13 自然景观

1. 地形

平坦的地形，多以线或面的形式展现，但由于地形的起伏小，景物多显得平淡，不易形成视觉焦点。遇到这种情况，就要精心设计一些建筑、街道、小品、绿化水景、雕塑等景观。通常采用的手法是对于平坦地形上的建筑物、构筑物和植物绿化等的高低错落、大小变化，要根据其具体情况，精心设计，充分予以利用。局部地面做成下沉空间，或者采用筑台、架空道路等方法，分理出层次，获得丰富多彩的景观。人们观赏景色一般仅限于景观中的景物，观赏的广度和深度都是不够的。因而，可借助于高耸建筑物或亭台进行眺望。这些景物，在平坦的地形上，不仅它本身是景观，同时也是一个观景点。据记载，中国宋代在平地上挖湖堆山、人工造景、景中亭台建得很多，形式丰富，并将亭与山水绿化结合起来，形成对景与借景。我国古代园林建设中有很多巧妙利用地形的实例。

在山地和坡地，由于地形的高差变化大，建筑景观的布置和视觉景观上的感觉较平坦的地形更具有特性。可以依山造势、因坡定向，强化层次感，增加视觉画面效果。自然景观经过艺术设计就更丰富了，更迷人了。利用山势及制高点在自然风景区中建亭、台、楼、阁，山高峰奇，在天幕下剪影非常突出，利用山势建亭等，可强调天际线，以取得良好的峰峦景观。山上建亭、台、楼、阁，不仅丰富了山的轮廓，而且为人们观赏山景提供了合宜的角度，活跃了景区空间构图，为风景区增添了景致，为游人增加了兴奋点。

2. 水景

水景具有声、光、影的特性，在景观设计中，是最有生气的元素。水可将生硬、死寂的空间活跃起来，也可因它而将空间立体化。水所组织的景观较其他元素更为生动。有一位设计大师曾说过:"一个园林中若没有水,就没有了生气"。它可蜿蜒,可宁静,可活泼,从而能创造出气象万千的景致。利用水面建亭、台、楼、阁,建筑是静止的,而水具有动态的特性。这种"静"与"动"的对比,增加了景色的层次和变幻的效果。建筑的"刚"与水面的"柔",两者"刚"、"柔"结合,形成了强烈的对比。蜿蜒的水面上往往架设形态各异的小桥和曲廊,为景观增加了情趣。

3. 植物

绿色植物除有维持生态平衡、保护环境的作用外,还为人们提供了休息、娱乐、疗养、康复的环境,同时也是美化环境、创造丰富而和谐环境的重要元素。大面积的绿色衬托出主题景观。在景观设计中,可利用绿色植物的遮蔽特性,来围合和遮蔽空间,组织空间景观。绿色植物往往还是从一个空间到另一个空间的转换过渡。绿色植物的形、色、香、味是创造意境的最好组成元素,是大自然赐给人类的最宝贵财富。

4. 气象景观

气象变化组成的自然景观,如日出、云海、夕阳、黄昏、风雨。唐人钱起的诗句:"竹怜新雨后,山爱夕阳时"道出了自然界中表现出来的千变万化的物象色彩给自然景观增添了无穷的魅力。当我们了解到这些物质色彩变化的特点和风景价值后,就应积极地、有意识地把这些自然现象组织到风景区中去。

天空的丰富变化,有利于它做主景的背景。明色调的和平女神或其他主题雕塑,在蓝天白云的衬托下,其景观效果最佳。用暗色的雕塑作主景,晨雾似一层薄薄的轻纱,使景物色彩显得更调和,景物的银装素裹则更显妖娆。月圆夜静,银光洒地,竹景摇曳,古庙钟声,充满了诗情画意。有意识地运用气象变化的自然景象,为景区和景观增添了很多奇妙的景象,更加强了自然景观的神秘感。如峨眉金鼎佛光、泰山日出、黄山云海、鄱阳湖晚霞。

二、人文景观

(1) 人工设施景观

城堡、建筑、街道、广场、路桥、构筑物、亭台阁、轩堂斋榭、塔庙道观、建筑小品、装饰标志、雕塑、水池、游乐场、公园等。

(2) 历史景观

文物、古迹、遗址、陵墓、诗文、雕刻等。

(3) 经改造的自然景观

堆山、堆石、筑台、人工水景、绿景、森林等。

人文景观主要是通过街道、建筑物、城市公园、城市设施、公共场所、企事业单位、住宅小区等元素来反映(图1-14、图1-15、图1-16、图1-17、图1-18、图1-19、图1-20、图1-21)。

图1-14 小区景观

图1-15 公园景观

图1-16 公园景观

图1-17 公共场所

图1-18 住宅小区景观

图1-19 街道绿化

图1-20 小区景观

图1-21 店面绿化

街道是穿越城市的运动流线，是人们认识城市的主要视觉场所。建筑的连续性常依赖于街道的连续而建立起空间秩序。创造街道的景观应注意街道的绿化和城市设施的设计与布置。绿化应考虑树种的选择、植物形态及色彩的配置。对于狭窄的街道应尽量林荫化，创造以绿景为主的街道景观。

中国园林建筑的特点之一是化大为小，融于自然。即尽量避免将各种功能的建筑组织在一幢建筑物内，而是采取将不同功能的部分组织在大小、形状不同的建筑基本单元内，如厅、堂、楼、阁、榭、舫、门、亭等。并在建筑造型上突出各自的性格，然后结合自然环境的特点，因地制宜地用廊、墙、路、庭、台、阶、灯柱、护栏、花池、喷泉、雕塑、座椅、候车亭等来丰富街景。

1. 亭

亭是一种体量较小、但造型灵活多变的建筑。它的建造也多彩多姿。因为它具有眺览、休息、遮阳、避雨等功能，所以它适宜布置在水际、山巅、桥头、路旁。在城市绿地、园林、居住区中，根据不同的地形、环境，结合山石、绿景，亭子的形式也越来越灵活多变，造型丰富，除了中国古典式亭外，还有借鉴西方风格的欧式亭，少数民族风格的亭。亭不仅在组景方面创造了一些有特色的景观，在使用功能上也赋予了新的内容。

亭常见的有圆形、方形、三角形、五角形、六角形、八角形、扇面形、长方形、正方形、扁八角形等。从屋顶形成来区分，有单檐、重檐、三重檐、钻尖顶、歇山顶、单坡顶等。组合亭的平面，常见的有双三角形、双方形、双环形、双圆形、双六角形、三座组合的或五座组合的，也有与其他建筑在一起的半面亭。

在平地建亭还可以利用自然景区和人工景区的边角地段或景观薄弱之点，以弥补空间构图的缺陷。在道路交叉路口或转折之处，因景观或景致转换的需要而设的亭，常成为引人注目的处所。在此处建亭，可借取周围的景色。由于转折而产生变化的景观画面，给游人以新奇感（图1-22、图1-23、图1-24、图1-25）。

2. 台

《释名》云："台者持也。言筑土坚高，能自胜持也。"掇石而高上平者，或楼阁前

图1-22 亭阁与绿化

图1-23 亭阁与绿化

图1-24 亭阁与绿化

图1-25 亭台设计草图

出一步而敞者，俱为台。台是保持之意，就是说筑台要高而坚，上面平的称为台。台宜于建于高旷的部位，以能登高远眺风景，有助于增进景色。

台依所处的位置来区分，有：山顶高处的天台、山坡地带的跌落台、悬崖峭壁处的眺台、水面上的飘台以及屋宇前的月台等类型。

3. 楼阁

楼与堂相似，只是比堂高出一层；阁是四周都要开窗，造型较轻巧的建筑物。楼阁是园林中登高望远、游憩赏景的建筑。体量高大、造型丰富，它不仅可供游人登高眺览，而且也是园林中点景的重要建筑物。这类建筑多布置在气势雄伟的大景观中，如北京颐和园的佛香阁、武汉的黄鹤楼、湖南的岳阳楼、长沙的天心阁、扬州瘦西湖的烟雨楼等。楼阁在景区中最重要的作用是赏景和控制风景视线，它是景区的艺术构图中心，也是景区的标志景观。

4. 廊

廊本来是附于建筑的前后左右的山廊，是室内、室外过渡的空间，也是连接建筑之间的有顶建筑物。它供人在内行走，可起导游作用，也可作停留休息、赏景之用，廊同时也是划分空间、组成景区的重要手段，其本身也是景区中之景。从总体上说，自由开朗的平面布局，活泼多变的体形，易于表达其连接的建筑的气氛和性格，使人感到新颖、舒畅。

廊从空间上分析，可以讲是"空间"重复，要充分注意这种特点，有规律的重复，有组织的变化，形成韵律，产生美感。

廊从立面上突出表现了"虚实"的对比变化，从总体上说是以虚为主，这主要是功能上的要求，廊作为休息赏景的建筑，需要开阔的视野。廊本身又是景色的一部分，需要和自然空间互相延伸，融于自然

环境之中。在细节处理上，也常用虚实对比的手法，如漏窗、窗罩、博古架、栏杆、挂落等多为空心构件，似隔非隔，隔而不挡，以丰富整体立面形象（图1-26）。

图1-26　连廊

5. 榭

《园冶》中谓"榭者，借也。借景而成者也。或水边、或池畔，制亦随态。"意即榭是凭借风景而构成的。或在水边、或在花亭，构造灵活多变。水榭的基本形式是水边有一个平台，平台一半伸入水中，一半架立于岸边。平台四周以低平的栏杆相围绕，平台中部建有一个单体建筑物，建筑物平面形式通常为长方形。临水一面特别开敞，柱间常设微微弯曲的鹅颈靠椅，以供游人坐息、赏景。榭在现代园林中应用极为广泛，如西湖的平湖秋月，是仲秋观景的佳处。较大的水榭，可结合茶室，或兼作水上音乐厅。

水榭设计应尽可能地突出于池岸，造成三面或四面临水的形势。水榭尽可能贴近水面，避免采用整齐划一的石砌驳岸。在造型上，水榭与水面、池岸的结合，以强调水平线条为宜。

6. 舫

也称旱船，是在景区水面上建造的一种船形建筑物，由于象船，但又不能划动，所以叫不系舟。舫一般分为前、中、后三

个部分，中间最矮，后部最高，一般有两层或三层，类似楼阁的形象，四面开窗，以便远眺，观望水景及周围的景致。舫的前头作成敞棚，供赏、品茶、交谈阔论之用。中舱是休息、宴客场所，舱的两侧作成通长的长窗，以便坐着观赏时有宽广的视野。尾舱下实上虚，形成对比。舫的设计妙在似与不似之间。如北京颐和园的石舫、杭州曲院风荷公园的石舫，颇受人们的喜爱。

7. 雕塑

雕塑是现代城市人文景观的重要的环境元素。雕塑在环境艺术中，起着举足轻重的作用，是提高城市文化品位的重要标志。它的存在赋予景区鲜明而生动的主题，使景区增色。雕塑有多种形式：圆雕、浮雕、组雕、透雕、装饰雕塑等，所用材料分有石雕、铜雕、铁雕、不锈钢、玻璃钢、水泥、塑料等，还有冰雕、雪雕、沙雕、木雕。城市广场的雕塑，无论是圆雕还是浮雕，往往要布置在广场的主要位置上，如在中轴线或中轴线的两侧形成对称的格局，多为纪念与城市有关的人物、事件或表现城市的特征。

雕塑的题材、形式和手法可以不拘一格，但在应用于城市绿地系统，需要通盘考虑，合理安排，避免题材重复和喧宾夺主。雕塑题材要服从整个景区的主题思想和意境要求，起到锦上添花的作用，才能在城市环境中创造出真正具有生命力的艺术作品，而绿地的规划设计也要服从于雕塑题材，这样才能互相衬托，相得益彰（图1-27、图1-28、图1-29）。

8. 水景

水景与人类的生活息息相关，城市的形成往往也是隔江而立，远古的人们都是伴水而居的。西方一位哲人说过："城市中没有水景，这个城市就缺少了生气，有了

图1-27 雕塑与绿化

图1-28 雕塑与绿化

图1-29 太湖石，门，墙

水而没有雕塑就缺少了灵魂"。在城市绿化设计与景观设计时，应尽最大的努力去创造以水为主体的景观。如果自然环境中的江河水流等资源可以利用，则要尽可能地将自然的水体融入景观之中。我国有很多城市利用天然江河作为城市的主要景观，如上海的外滩、哈尔滨的斯大林公园。

如天然水体不可利用，则需人工理水、开凿水池、引水入庭，或设立喷泉、人工瀑布、水池及淌水等。人工水体分为动态水和静态水两种形态。动态的水，以水的动势、趋势和水场，引人入胜，并使人感受到环境美的气氛。动态的水很少独立存在，而是与其他各种建筑小品、雕塑等相结合，而构成小景，以增添情趣。静态的水平稳、安详，给人心理上的安宁之感。它往往是生活在喧闹的城市里的人们所向往的，人们在繁忙之余，放松一下，平静一下心情，调解一下节奏（图1-30、图1-31）。

图1-30　水体与绿化

图1-31　水景和围栏

(1) 喷泉

喷泉早在中国的唐朝就被皇家使用，当时是利用天然喷泉。如华清池的九龙汤，9个龙头嘴中喷水。明清时在皇家园林或私家园林中，已有仿效西洋的人工喷泉出现。中国古代喷泉最具规模的皇家园林有"海晏堂"、"大水法"、"远瀛观"等。

喷泉有人工与自然之分。人工喷泉形式种类繁多，有音乐喷泉、时钟喷泉、变换图案喷泉、彩色喷泉。自然喷泉是在天然喷泉处建房构屋，将喷泉保留在室内，这是大自然的奇观。现代人工喷泉大多是由电脑控制，由于喷嘴有多种型号、喷射方向及水压的不同，所喷出的水柱、水花、水的造型可产生多种多样的效果。如雾状、扇形、菌形、柱形、弧线形、蒲公英形等。有的喷泉设置喷水增氧机能，水的喷射能达几十米高，落水直径近50m，场面异常壮观。

(2) 淌水

淌水多见于现代风格的建筑环境景观，水很浅，水底有平底的，也有异型底的，水很静，水慢慢地漾出，淌向下一个层阶。如香港中银大厦侧门的淌水，水静如镜，缓缓地漾出，淌入下一层又一层，这种环境设计的淌水景观与大厦的业务有默契，喻示着企业经营理念和企业形象文化。

还有立面淌水，多用花岗岩或是玻璃体（如日本东京帝国大厦，深圳五洲宾馆）做成浮雕或现代抽象构成，水从上面顺着表面涓涓淌下。大有黄河之水天上来之意境，充满了现代感的气息。

9. 花坛

花坛是在具有一定几何轮廓的植床内，种植各种不同色彩的观赏植物而构成的具有华丽色彩或纹样的种植形式。它也可以用盆栽植物组织而成。花坛的主题是具有装饰性的整体效果，而不是花坛内一花一木的姿色。其形式多种多样，如立体式花坛、规则式花坛、花丛式花坛、毛毯式花坛、组合式花坛和标题式、时钟式、肖像式花坛、抽象式花坛等(图1-32、图1-33、图1-34)。

图1-32 规则式花坛

图1-33 毛毯式花坛

图1-34 组合式花坛

10. 花架

花架是以绿化材料作顶的廊,可以供歇足、赏景,在景区布置中可以划分、组织空间,又可创造为攀援植物生长的生物学条件。因此花架把供植物生长和供群众游憩结合在一起,是园林中最接近于自然的建筑物。

各种花架都不宜太平或过短,要做到轻巧简单。花架高度从花架顶至地,一般为2.5~2.8m即可,太高了就显得空旷而不亲切;花架开间不能太大,一般为3~4m,太大了就显得笨重粗糙。四周不宜闭塞,除少数作对景墙面外,一般均宜开畅通透。如果把花架与亭廊、榭等建筑物结合起来,可以把绿化材料引伸到室内,让建筑物融入自然环境的意境中。

11. 园桌、园椅、园凳、栏杆

构成环境绿化空间的景物,除山石、水体、植物、动物以及园林建筑五大要素外,还有大量的景观小品性设施,例如园桌、园椅、园凳、栏杆、灯具等等。它们为游人歇足、赏景、游乐所用,同时它们的艺术造型亦能装点景点、景区,经常布置在小路边、池塘边、树荫下、建筑物附近、或绿地中间。座椅围绕大树,既可遮荫,又可保护大树,增添绿化景观。园椅可以星散在树林里,有的与园桌配套安放在树荫下、亭子间,为人们休息、下棋、喝茶提供场所。

栏杆在绿地中和绿色植物旁起隔离与防护的作用,同时又使得绿地边缘整齐,起到装饰作用。如栏杆的构件横向重复,产生韵律,有方向感和运动感;受日照影响而具有光影明暗的变化;与其环境有虚实的对比,使零乱的绿地得到统一,产生整齐效果。因此,设计得好的栏杆,确能增加环境绿化的美观,予以人们活泼愉快的感觉。栏杆的造型与风格,一般都多用空栏，有的甚至只用几根扶手，连以链条或金属管，务求空透，不破坏自然风景的整体性。如哈尔滨斯大林公园的护栏，柱子为钢筋水泥的，扶手为铁链或铁管，视线不受阻挡，坐在岸边树下的苑椅上，便能欣赏江中的波光潋影。那弧形的曲线或直线，简洁大方，很有气派。

三、社会景观

(1) 社会景观

文化传统、风俗习惯、民间戏剧、生产工具、村寨、服饰、民歌、民谣、舞蹈。

(2) 风土人情

居住、婚嫁、饮食、娱乐。

(3) 街市风貌

城市基础设施、现有建筑物、构筑物、现有城市设施。

1. 儿童活动场所景观

少年儿童是国家的前途和未来，提高他们的综合性素质是一项长期而艰巨的任务，因此，应多开辟一些户外活动场所，让孩子们在活动中接触大自然、熟悉大自然、热爱大自然，培养保护环境的意识、良好的道德和习惯。了解儿童特点，创造有意义的景观，集科技、知识、娱乐于一体，使儿童在这种有浓郁的科学知识与幽默的趣味氛围中获得知识。在造型、色彩、线条处理上要新颖，让儿童感到亲切、有趣，也为景区的景致增添了天真、童趣，活跃了景区的气氛。儿童是永恒的题材，也是人类发展、城市建筑的希望。

2. 民俗民风，传统文化

本土文化的弘扬，是一个地域发展特色的基础，如英国、日本对本民族、本地区的传统文化、风俗、民俗都是极力的保护，使其像伦敦、京都等城市都一样，保持着本民族古老文化的遗韵，形成了极有民族特色的传统文化景观。我们要尽最大的努力保护好中华民族历史留下来的古韵古风、传统文化遗产、古建筑、古典园林、历史文化古迹，因为这些宝贵的遗产是人类的宝贵财富。我们在开发建设中不能破坏和损坏历史遗留下的文物古迹，同时要学会保护技术，让祖国的传统文化、文物古迹延续下来，让祖国的民俗民风、传统文化发扬光大，让社会、国内外人士了解。很多省市都建设民俗民风博物院、民族园等，如深圳民俗文化村、世界之窗等，都是比较成功的景区和景观。许多城市建设了集民俗、商业、饮食、娱乐为一体的唐人街、宋韵路等社会景观；还有欧陆一条街，如哈尔滨的中央大街、中山市的欧陆街等，都是在原历史旧址上加以更新修建，并保持着原风、原味的特色。但是要注意的是设计一定要了解历史，如实地反映所建景区历史朝代的特色和风格，不能胡编乱造，糟蹋传统文化，造成不懂历史的笑话。

讨 论 题

一、环境绿化对维持城市生态平衡起到哪些作用？

二、环境绿化规划的原则是什么？

三、何谓分区规划？景色分区与功能分区有何不同？

四、何为造景、点景及其主要手法？

第二章　中外园林环境绿化风格和流派

第一节　各国不同时代的园林风格

一、中国园林的特点

不同国家园林的风格不一样。中国隋、唐时期是封建社会中期宫苑园林鼎盛阶段。据说每年还定期向市民开放三天，是我国最早出现的带有"公园"性质的园林胜境。宋代发展了园林艺术，引水入园，随着不同形势创造了不同景区。由于唐宋时期山水诗、山水画很流行，诗情画意写入园林，以景入画，以画设景，逐渐形成了"唐宋写意山水园"的特色。唐宋写意山水园效法自然、高于自然、寓情于景、情景交融，富有诗情画意，开创了我国园林的一代新风。明清园林在前代的基础上有所继承和发展，尤其是明清私家园林，发展最为兴盛，成为我国园林的重要特点之一。

较有名的如北京米万钟的勺园、清代和珅的私家花园（后为恭王府花园）、苏州（拙政园、留园、狮子林、沧浪亭、网师园）、无锡（寄畅园）、扬州（个园、何园）、杭州（皋园、红桥山庄等）、吴兴（潜园）、嘉兴（烟雨楼）、上海（豫园、内园等）、南京（瞻园等）、南翔（古猗园）、常熟（燕园等）、佛山（梁园）等。

唐宋写意山水园对形成中国园林文化和自然式园林起了重要作用，经明清及近代的继承发展，形成了中国园林的特有风格。

中国园林除符合一般科学规律外，与诗词、歌赋、山水画等都有密切联系。园林中的"景"，出于自然而又不是纯天然的模仿，而是赋予其文化意蕴。中国传统园林重于"立意"，创造出了各种不同诗情画意的意境。

中国园林以人为本，以建筑为主体，采用"园中有园"、"小中见大"等的布局手法。运用借景、障景等含蓄曲折的空间组景手法，因地制宜，即根据南北方自然条件的不同，创造了北方园林、江南园林、岭南园林以及少数民族地区园林等地方风格和民族风格。

中国古典园林中，北方皇家园林富丽堂皇、气派大、尺度大、建筑厚重、多针叶树；江南园林尺度小、建筑轻巧典雅、多常绿阔叶树。同为江南园林，还有杭州园林、苏州园林和扬州园林等地方风格之别。同是现代园林，人们常用"庄重雄伟"来形容北方园林；以"明秀典雅"来形容江南园林；以"物朗轻盈"来形容岭南园林；另外还有山地与海滨等风格迥异的园林。

中国的现代园林，广泛吸收了古今中外园林特点的精华，冲击传统园林的范畴，把园林发展到现今的环境绿化系统形态。现代园林强调环境意识，把环境绿化设计得既有精彩的局部，又与环境协调，既有传统的文化内涵，又具有现代科技的新颖构思，体现出强烈的时代感。

二、外国园林的特点

外国园林以欧洲规则式园林最具代表

性，15世纪中叶意大利文艺复兴时期后的欧洲园林得以兴盛发展，其代表国家有意大利、英国、法国、德国。随着海外贸易的发展，欧洲传教士和商人把中国文化，包括造园艺术带到了欧洲，促使欧洲后来的园林艺术风格趋向浪漫主义。18世纪，英国风致园蓬勃发展，法国人把英、中两国的庭园作一比较，发现两者的本质是一致的，因而创造了"英华园庭"一词（图2-1、图2-2、图2-3、图2-4、图2-5、图2-6、图2-7、图2-8、图2-9）。

图2-3 保加利亚园

图2-1 英国园

图2-4 澳大利亚园

图2-2 德国园

图2-5 波兰园

图 2-6 荷兰园

图 2-9 加拿大园

图 2-7 丹麦园

图 2-8 芬兰园

外国园林中,日本园林也具一定的代表意义,但是追溯其历史,早在公元 6 世纪,中国园林艺术就通过朝鲜传入日本。崇祯七年(1634 年),《园冶》一书出版后流入日本,被称为《夺天工》,作为日本造园者必读之书。

近代又出现了美国和前苏联的园林绿化。对世界园林界影响巨大的,尤以美国加利福尼亚州奥克兰于 1959 年在凯撒中心的屋顶上,建成的面积达 $1.2hm^2$ 的屋顶花园,它引起了国际园林界的震撼,被人们认为是与古代巴比伦"空中花园"相媲美的现代真正的屋顶花园。它推动了园林绿化由地面扩展到了空中,从平面扩展到了立面,由园林的小范围扩展到了环境绿化的系统形态。

1. 文艺复兴时期的意大利园林——台地园

意大利是古罗马的中心,以盛产大理石著名,古罗马时期的建筑艺术影响深远,雕塑精美,又多山泉,气候温和湿润,山峦起伏,土地肥沃,草木茂盛,尤以常绿阔叶树最为丰富。15 世纪中叶文艺复兴时期,造园艺术成就很高,在世界园林史上占有重要地位,其园林风格影响波及整个欧洲。

文艺复兴后，意大利人厌倦城市的喧嚣，倾心于田园生活，多由闷热潮湿的地方迁居到郊外或海滨的山坡上。在这种山坡上建园，视野开阔，有利于俯视、鸟瞰，形成了意大利独特的园林风格——台地园。意大利台地园常依山就势，分成数层，庄园别墅主体建筑常在中层或上层，下层为花草、灌木植坛，且多为规则式图案。其风格为规则式，规划布局常强调中轴对称，但很注意规则式的园林与大自然风景间的过渡，即从靠近建筑的部分至自然风景逐步减弱其规则式风格，如从整形修剪的绿篱到不修剪的树丛，然后才是大片园外的天然树林。

植物以常绿树为主，有黄杨、石楠、珊瑚树等。在配植方式上采用整形式树坛，黄杨绿篱，以供俯视，图案美，很少用色彩鲜艳的花卉。以绿色为基调，给人以悦目、舒适、宁静的感觉。常利用植物色彩深浅不同，使园景有所变化。园路注意遮荫，形成深色的光影效果，一则起到避阳遮荫之用，二则深深的树荫影为整个园林绿化增加了深度和立体效应。高大的黄杨或珊瑚树植篱常被作为分隔园林空间的树种。

意大利山泉很多，利用天然泉水，引水造景，为园林绿化增添了活力和生气，山泉常被作为园林的主景之一。理水方式有壁泉、喷泉、水池、瀑布等。意大利独特的地理环境及气候是形成台地园这一特殊风格的因素之一。

2. 英国风景园

18世纪英国盛行的风景园，崇尚自然，其风格对世界园林艺术产生了重大影响。英国地处西欧，为大西洋的岛国，地形多变，气候温暖湿润，土地肥沃，花草树木种类繁多，故英国园林大多数以植物为主题(图2-10)。

图2-10　风景园

欧洲兴起浪漫主义思潮，同时也影响到英国的园林艺术，出现了追求自然美而反对呆板、规则的布局，传统的具有草原牧地风光的风景园得到复兴与发展。后经英国造园家威廉·康伯把中国自然式山水园林介绍到英国，在英国出现了崇尚中国园林的时期，在伦敦郊外建造了影响颇大的邱园。

19世纪英国园林的自然式风景园已趋成熟。英国风景园的特点是从发挥和表现自然美出发，园林中有自然的水景，略有起伏的大片草地，在大草地之中的孤植树、树丛、树群均可成为园林的一景。林缘、湖岸、道路多采用自然圆滑的曲线，追求"田园野趣"，小路多不铺装，任由人们在草地上自由漫步或活动。植物采用自然式种植，种类繁多，色彩丰富，以小建筑或景物为主题，也常以花卉为主题，突出"情趣"。

英国风景园利用地域气候等自然条件，由观赏游玩发展到具有科学价值的专类园，运用了对自然地理、植物生态群落的研究成果。结合生物科学，创建了各种不同的人类自然环境，如以某类植物为主题的蔷薇园、玫瑰园、杜鹃园、百合园、芍药园、鸢尾园等，以自然景致为主题的高山植物园、岩石园、水园、沼泽园等，这些专类园对自然风景有高度的艺术表现力，对英国园林风格的形成发展具有一定的影响。

3. 法国园林

16世纪末，意大利文艺复兴时期的文化艺术和园林、建筑对法国产生了较大的影响，从而使法国的园林有了较大的变化。在吸收意大利等国园林艺术成就的同时，结合法国的自然条件特点，创造出了具有法国特色的民族宫苑。如路易十四建造的杰出代表作凡尔赛宫花园，它在西方园林史上占有一席之地。

法国雨量充足，法国规则式园林在水景方面，多采用整形河道、水池、喷泉及大型喷泉群。为扩大园林空间，增加神秘色彩，使园景变化丰富，取得倒影艺术效果，常在水面周边布置建筑物、艺术景观、雕塑和植物等。为取得宏大的气势，园林的层次，常以落叶密林为丛林背景，并广泛应用修剪整形的常绿植物作为前景，大量采用黄杨和紫杉作为图案树坛，注重色彩变化，经常用平坦的大面积草坪和浓密树林，衬托华丽的花坛。路旁或建筑物附近常种植修剪整形的绿篱或常绿灌木，花草运用丰富多彩，常做成图案花坛。

4. 日本园林

日本庭园在古代受到中国文化和唐宋山水园的影响，又从南宋接受了禅宗和啜茗风气，为后来的茶道、茶庭打下精神基础。宋、明两代的山水画作品被日本摹绘，用作造园的蓝图，通过古组法，布置茶庭和庭园。时至今日，东京的江户名园内，还存留着明朝时代中国人设计的圆月桥、西湖和园竹等园林景观。日本庭园建筑物的命名、风景题名和园名等全用古汉语表达，足见受中国影响之深。

日本庭园在古代受到中国文化和唐宋山水园的影响，后又受到日本宗教的影响，逐渐发展形成了日本民族所特有的"山水庭"，非常精致和细巧。它是模仿大自然风景，并缩景于一块较小的园址上，象征着一幅山水风景画，园林尺度较小，注意色彩层次，植物配置高低错落，自由种植。日本园林中陈设了其特有的石灯笼和洗手钵，既有使用功能又起到装饰景观之效用。

日本庭园是自然风景缩景园，是日本民族的生活方式与艺术趣味以及日本的地理环境所形成的特色。群岛之国的日本，其中部有海拔3700米的富士山，终年积雪，山岭和高地占全部土地的4/5。它作为神圣、庄严、雄伟、力量的象征，历来受到日本人民的崇敬、喜爱。由于日本是岛国，曲折复杂的海岸线、许多优美的港湾、海洋性气候、丰富的植物资源，是形成日本园林的风格与特色的基础条件（图2-11、图2-12）。

图2-11　日本园林

图2-12　日本园林

日本传统园林分为3类：平庭、筑山庭和茶庭。

(1) 平庭

平庭通常是在平坦园林内，根据设计与功能的需要，堆一些土山，设置一些经过组合的大小不等的石组，根据景观的需要种植一些植物，设置一些石灯笼。同时挖掘一些溪流，贯穿一些分散的景观，盘活整个景园，通过象征的手法，以岩石象征真山，以树木代表森林，也有以平砂模拟水面的。日本园林平庭式手法深得中国园林以小见大的精髓。

(2) 筑山庭

筑山庭是表现山峦、原野、谷地、溪流、瀑布、湖泊等大自然山水景致的园林，是具有鉴赏型的"山水园"。传统的特征是以山为景，以重叠的几个山头形成远山、中山、近山及主山、客山，以自山涧中流出的瀑布为视觉焦点。山前设置湖面或水池，池水中设有中岛，池右边为"主人岛"，池左边为"客人岛"，以小桥相连作为前景。山以土为主材料，山上植种微小型的乔木和灌木来模拟林地。山上、山腰、山麓、水际、瀑布附近及水中岛上分别相应地置有象形的并被命名的石组，象征山峰、石壁、露岩，以此构筑出从各个角度都酷似自然景观的缩影，形成与整个园林环境相协调的画面。

筑山庭有的部分供观赏游乐，称"逍遥园"；有的部分供眺望，称"眺望园"。筑山庭中另有一种枯山庭（也称"枯山水"或"石庭"），它的设置手法类似筑山庭，但没有真水，以卵石和砂子来象征水，布置在湖河床里，砂子划成波浪形，假拟为水波，湖河床里置石，拟想为岛。

(3) 茶庭

茶庭布置在筑山庭或平庭之中，单设或与庭园其他部分隔开，只占一小块庭地，四周设有富有野趣的围篱，如竹篱、花篱、绿篱、木栅，由小庭门入内，设有趣味十足的径路，四周地面铺设草坪，也可点缀以石灯笼、低矮的庭园灯、洗手钵等，主体建筑为茶道仪式的茶屋。茶庭面积虽小，其中布置常绿树等常绿植物，庭地上的石和石山上景物的底部都有青苔，整个庭园营造出一种深山幽谷的清凉、恬静的氛围，充分表现出茶文化的意境，体现出大自然的人文环境，犹如远离尘世、超凡脱俗的仙境。

以上3类是日本传统的园林形式，其功能和景观效果各异，已经形成较成熟的模式和程式，在较大规模园林中常同时应用。

意大利的台地园、英国风景园、法国园林和日本园林都属于古典园林。

5. 美国公园

美国于1776年独立，国民多是许多国家的移民，历史较短，园林大部分模仿英国等欧洲诸国和日本、中国等国家的园林风格。在建设中不断吸取各国园林优点，结合自己国家的实际，探索创建美国园林自己的风格，建立了大公园意识理念，首创了国家公园、黄石国家公园等5个国家公园，其中有瀑布、热泉、温泉、火山、湖泊，有大片的原始森林，有广阔肥美的草原，有珍贵的野生动物、珍奇植物，还有古老的化石产地等。美国公园对全世界范围影响巨大，1972年召开的国际公园会议，建议联合国把南极建成世界公园，1975年又提出把新西兰作为国际公园。美国国会曾指示要"想方设法保存风景、自然和历史文物以及公园中的野生动物，供后人永世享用，不受损伤"。这一原则成了美国环境系统的一项根本方针。为开辟更多的公园以改善城市环境，园林设计采取多样化、注重天然风景的组织和人造风景的建造。现代公园和庭园、室内与室外环境等相联系，天然环境与人造环境相联系，营造城市与人之间的良好环境气氛。其风格是集众家之长，突出现代材料美，常采用钢木材料，显得轻巧空透，很注意光线效果，利用光与影的效果达到艺术美。设置自然曲线形混凝土道路和水池，植物种植取自然式，而到建筑物附近逐步以有规则绿篱或半自然的花径作过渡，大面积的草皮覆盖，树下多用碎树皮、木片覆盖，以防止尘土飞扬，改善小气候。多散置林木、山石、雕塑和水池装饰园林，常运用花卉点缀大草地和庭园。

6. 前苏联园林绿化

前苏联大力发展城市绿化，并提出"只有把城市绿化问题看作是城市建设总问题中的一个不可分割的组成部分，才能科学地研究它，并在实践中正确地解决它"。同时对城市绿化进行了系统规划，将城市和郊区各类绿地进行合理的布局。当时苏联政府还善于把公共绿地与社会主义文化宣传教育、体育活动、娱乐活动结合起来，丰富了园林绿地的游憩内容，创造了文化公园形式。最著名的有高尔基中央文化休息公园。前苏联重视发展专业性公园，如动物园、植物园、体育公园、儿童公园等，并为科学普及、科学研究提供了良好的场所。它重视城市环境绿化、重视工业企业绿地和居住区绿化的规划建设。

其风格以俄罗斯建筑为主体，园中水景运用较广泛，如湖泊、池沼、溪流等。所种植物、花草尽量保持自然景观，植物品种丰富，靠欧洲部分多为原始林、针叶林，中部地带多为混交林、阔叶林和森林草原，南部多为沙漠草原。其中紫丁香、白桦树，具有其独特的景观观赏魅力(图2-13)。

图2-13 前苏联园林

美国公园和前苏联园林都属于现代园林。

第二节 环境绿化与景观设计的空间意境

环境绿化与景观的意境美是通过设计者的构思创造所表现出来的形象化、典型化的自然环境和人文环境的思想意蕴。

怎样才能获得意境？对设计者来说，只有用强烈真挚的思想感情，去深刻认识所要表现的对象，目寄心期，去糟取精，去伪存真，经过高度概括和提炼的思维过程，既是主观的想像，也是客观的反映，当主、客观高度协调统一时，才能产生意境。在绿化与景观设计中，要表现出景尽意在，因物移情，令人遐想，使人留连。

光与影，在创造环境绿化与景观空间意境中起到了很大作用。

一、自然界的变化

1. 光

"墙开洞，背后发光"的逆光效果，能使人产生神秘莫测之感，同时又能使后边的空间似乎无限伸展。进入山洞，光从背后来，觉得洞深不可测，出洞时，光从前面射出来，空间距离感缩短，感到光就在前头。

由明到暗、由暗到明和半明半暗的变化都能给空间带来特殊的气氛，可以使感觉空间扩大或缩小。

光是反映绿化与景观空间深度和层次的极为重要的因素。即使同一空间，由于光线不同，便会产生不同的效果，如夜山低、晴山近和晓山高是由于光的日变化，给景物带来了视觉上的变化。

在天然光和人造光的运用中，对园林来说，天然光更为重要。春光明媚、旭日东升、落日余辉、阳光普照、窗前月明光以及峨眉佛光等都能给园林带来绮丽的景色和欢乐的气氛。利用光的明暗与影对比，配合空间的收放开合，渲染园林景观的空间气氛。以苏州留园的入口为例，为了增强欲放先收的效果，在空间极度收缩时，采用十分幽暗的光线，当游人通过一段幽暗的过道后，展现在面前的是极度开敞明亮的空间，从而达到十分强烈的对比效果。在这一段冗长的空间里，通过墙上开的漏窗，形成一幅幅明暗相间、光影变化、韵味隽永的画面，增加了意境。

灯光的运用常常可以创造独特的空间意境，如颐和园乐寿堂前的什锦灯窗，利用灯光造成特殊气氛，每当夜幕降临，四周的山石、树木都隐退到黑暗中，独乐寿堂游廊上的什锦灯窗中的光在静悄悄的湖面上投下了美丽的倒影，具有岸上人家的意境。

杭州西湖三潭印月的3座塔，塔高2m，中间是空的，塔身有5个圆形窗洞，每到夜晚，塔中点灯，灯影投射在水中，和天上的明月相辉映，意境倍增。

喷泉配合灯光，五彩缤纷，绚丽多彩。绿地中的地灯，更是玄妙莫测，灯光夜景也是现代化城市的又一景观。

2. 影

有日月天光，便有形影不离。"春色恼人眠不得，月移花影上栏杆"、"浮萍破处见山影"、"隔墙送过秋千影"、"曲径通幽处，必有翠影扶疏"等古代文学的诗词中，写影的名句俯拾皆是，自然界中和人文景物中，石边的怪影、梅旁的疏影、树下花下的碎影、檐下的阴影、建筑上的投影以及水中的倒影都是虚与实的结合、意与境的统一。

中国庭院中的影壁一是起遮挡作用，二是起粉饰壁影的装饰作用，作为分割空间的影壁，本身无景也无画，但在其前面设置竹石花木，在自然光线的作用下，尤其是月光下，无景的墙便现出妙境，墙前花木摇曳，墙上落影斑驳。"亭中待月迎风，轩外花影移墙"，这幅天然图画还会呈现出大小、正斜、疏密等不同形态的变化，丰富多姿，如梦如幻，给人以玄妙、典雅的美感。

水中倒影在园林中更为奇妙，倒影比实景更具空灵之美。如"水底有明月，水上明月浮，水流月不去，月去水还流。""溪边照影行，天在清溪底，天上有行云，人在行云里。"都说明了水中倒影给游人增添了无穷的意境。倒影丰富了景物层次，呈现出反向的重复美。形美以感目，意美以感心。

二、手法（美学原则方面）

1. 繁与简

繁简之变，意在托情。绿化与景观设计要达到高度概括及抽象，以精确洗炼的形象表达其艺术魅力。寓繁琐于简洁，越是简练和概括，给予人的可思空间越广，表达的弹性就越大，艺术的魅力就越强。

（1）简

简就是大胆的剪裁。环境绿化与景观设计是涉及多学科、跨学科的艺术形式，也是所有艺术中最复杂的艺术，处理得不好则杂乱无章。客观事物对艺术来讲只能是素材，按艺术要求可以随意剪裁。"少"就是多。言简意赅，多一点则繁，少一点则缺。中国的传统艺术讲究的就是以少胜多,给人以联想、回味的余地。

(2) 夸张

任何一种艺术形式都强调典型性,典型的目的在于表现,为了突出典型就必须夸张,才能在情感上给观众以最大满足。夸张是以真实为基础的,只有合理的夸张才有感人的魅力。李白描写瀑布气势,"飞流直下三千尺,疑是银河落九天"给人以能够接受的艺术夸张,增强了艺术感染力。艺术要求抓住对象的本质特征,给以充分表现。

2. 画面

我国园林特有的布局及空间设计非常讲究画面效果,推崇景致如画的效果和画一般的意境,根据自然本质的要求"经营位置"。由所见和所知转化为所想的,将所见、所知的景物经过构思和各种表现技巧变为更美、更好、更迷人的景物,在有限的空间内产生无限之感。生活的尺度和艺术尺度并不一样,如一个舞台,要表现人生,未免太小,但只要把生活内容加以剪裁,重新组合,小小的舞台也就能容纳不同时间、不同时代的内容。以最简练的艺术手法,组织好时间和空间的景观特征,通过景观特征的魅力,创造出动人心弦的空间即意境空间。

三、表现原则

为了创造意境,为了传达思想感情,就要有相应的表现方法和技巧,只有配合默契,才能找到打动人心的艺术语言,才能充分地以自己的思想感情感染观者。我们力求从以下几个方面去努力。

(1) 强调城市环境绿化与景观的公众化,树立城市是个大公园的现代意识,使其形式适合现代人的生活、行为与心理,体现鲜明的时代感。

(2) 突出城市绿化的主动脉,形成城市绿化的网络化。为了缓解城市建筑景物的方正体多的生硬感觉,可以把简洁流畅的曲线、直线、折线相结合,灵活运用,可以从西方规则式绿化中吸取其简洁明快的技法,又可以从我国传统园林的自然式中提炼出流畅的曲线,在整体上则灵活多变,轻松活泼。它既与中国及西方的传统绿化区别开来,又与其有联系,有所延续。

(3) 强调抽象性、寓意性,具有意境,求神似而不求形似。它不脱离具体物象,雅俗共赏。它不像中国古典园林那样具体摹仿自然界的山石、瀑布、流水、树林,而是将这些自然界的景物抽象化,使它带有较强的规律性和较浓的装饰性,其风格要与现代城市建设风格相统一。

(4) 讲究大效果,注重大块空间、大块色彩的对比,从而达到简洁明快、生气盎然的效果。

(5) 重视植物造景,充分利用自然形和几何形的植物进行构图,通过平面与立面的各种变化,形成抽象的图案美与色彩美。

(6) 形体的变化富于人工装饰美,既善于变化,又协调统一,不流于程式化。为提高施工的精度和严密性,基本形体应有规律可循。

(7) 形式新颖,构思独特,具有独创性,对景物不作繁琐的、细节的模拟,而是力求注入设计者对大自然本质的洞察。通过各种手法,力求使城市环境绿化与景观设计形式新颖、简洁,突出功能性、科学性,富于时代感,为城市建立一种新文化、新生态和繁荣昌盛的环境氛围。

讨 论 题

一、中国园林与外国园林的区别。

二、试论中国园林对外国园林的影响。

三、美国大公园观念对现代城市绿化的影响和意义。

四、日本传统园林分哪几类？

五、英国园林为什么会对欧洲园林产生重大影响？

六、试述环境绿化与景观设计的空间意境表现形式。

练 习 题

一、临摹一张外国园林的彩色效果图。

二、临摹一张有中国园林特点的彩色效果图。

第三章 园林设计制图

掌握制图，首先必须了解绘图工具的种类及性能，熟悉它们的正确使用方法，才能保证绘图质量，加快绘图速度，提高绘图效率。常用的制图工具和仪器有绘图板、针管笔、丁字尺、三角板、比例尺、圆规、曲线板、蛇尺、胶带纸、擦线板、模板等(图3-1)。

合丁字尺作导边用；表面要光滑平整，保证画图质量，切忌受潮，以免翘曲不平。

图纸不宜用图钉钉在板面上，要用胶带纸固定在适当位置。一般将图纸粘在图板左上角，图纸底部离图板过近，画底线时尺身易移位；图纸离尺头太远，尺尾易摆动。相应位置如图3-2所示。

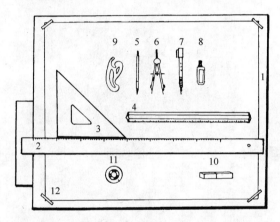

图 3-1 绘图工具
1—图板；2—丁字尺；3—三角板；4—比例尺；
5—铅笔；6—圆规；7—针管笔；8—墨汁；
9—曲线板；10—橡皮擦；11—单面胶；
12—绘图纸

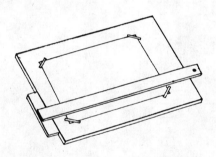

图 3-2 绘图板的使用方法

第一节 制图工具及用品

一、绘图板

绘图板是用来固定图纸的，它通常是用胶合板制成的空心图板，四周镶有硬木条边框。大小有各种不同规格，可根据需要选定，比相应图纸四周略有宽余即可，与图纸幅面相适应，分0、1、2、3号等，常用1号图板。其相邻两条边必须互相垂直，以配

二、丁字尺

丁字尺的构造分尺头和尺身两部分，尺身是带有尺寸刻度的工作边，二者之间成90°直角，尺身要牢固地连接在尺头上，稍有松动就会影响画图准确。检查丁字尺工作边是否平直光滑的方法是：将尺身压在纸上过A、B两点画一直线，然后将丁字尺翻转，仍沿尺身过A、B两点再画直线，如果两次画的直线完全吻合，说明尺身工作边平直，否则误差会被放大两倍。平时不用时挂在墙上保管。

使用丁字尺时，应左手握住尺头，使尺头内侧边始终靠紧图板左边，上下推动丁字尺至需要位置，然后右手执笔，沿尺身自左向右画线。每次移动时左手都要向右靠一下尺头，确保尺头贴紧图板。如画

较长的水平线时,左手可按牢尺身,以防止其尾部摆动(图3-3)。

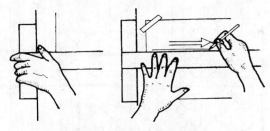

图 3-3 丁字尺的使用方法

三、三角板

一幅三角板有 45°×45°×90°和 30°×60°×90°两种。画图时三角板与丁字尺配合使用,可画出铅垂线和 15°倍数的斜线,如 15°、30°、45°、60°、75°等(图3-4)。

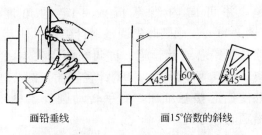

图 3-4 三角板的使用方法

四、比例尺

比例尺是刻有不同比例刻度的直尺,有三棱式和板式 2 种,较常用的是三棱尺。三棱尺上刻有 6 种不同的比例刻度(1∶100、1∶200、1∶300、1∶400、1∶500、1∶600),比例尺上的数字以 m 为单位。其主要用途是可直接量取和绘制放大或缩小比例的图形(图3-5)。

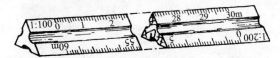

图 3-5 比例尺

如图 3-6 所示,用 1∶100 的比例尺度量同比例图纸上的两圆直径及其中心距,可直接在比例尺上读出小圆的直径为 2m,

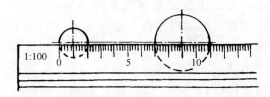

图 3-6 用比例尺读图

大圆直径为 4m,中心距为 8m。

对于比例尺上没有的比例,可用相近的比例尺度量后,再变通地缩小或放大。如当图纸比例是 1∶20,而没有此比例的比例尺时,可用 1∶200 的比例尺去度量,但应将读数缩小 10 倍。

五、针管笔

绘图墨水笔是带有吸水、储水装置的画墨线工具,由于它的笔尖是一支细针管,故又称针管笔。针管笔有口径在 0.2～1.2mm 之间的 9 种规格。描绘时笔杆应垂直纸面或稍向右倾斜,如图3-7,这样可保证线条光洁,防止笔头被磨偏。绘图墨水笔必须使用碳素墨水,吸墨时注意笔尖不要触到瓶底,以防吸入沉渣,吸足后在备用纸上画几下,以免开始描绘时出水过多,造成粗细不匀。绘图完成后,应用自来水洗净针管。

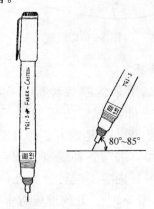

图 3-7 针管笔的使用方法

六、蛇尺、曲线板

蛇尺和曲线板都是用来画非圆曲线的工具。蛇尺是用塑胶做成的有刻度的卷尺，可沿任意曲线弯成各种各样的形状，供针管笔画圆滑曲线，十分方便（图3-8）。曲线板就有所不同，其边缘形状有限，往往不能一次把曲线全部描绘出来，需要分段连接（图3-9）。画线时首先找出曲线上若干控制点，然后选择曲线板上最相应的曲率部分，按顺序分段进行，每次至少应有4点与曲线板相吻合，后段曲线要与前段有少许重复，这样画出的曲线才能圆滑。

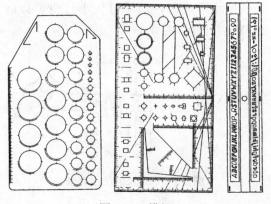

图3-10 模板

八、圆规

圆规是画圆和圆弧的工具，适用于画模板上没有的直径圆。圆规的一腿上装有能转动的钢针，另一腿上可换铅芯或针管笔，并可向内侧弯折成一定的角度（图3-11a）。画圆时先调整钢针尖端，使其略长于铅芯或针管笔，再调好两脚尖端距离，使其等于半径，将钢针轻轻插入圆心，并使铅芯接触纸面，右手转动圆规手柄，沿顺时针方向一次画完。

画大圆和大圆弧时，需将延伸杆装在圆规上使用，并使圆规两脚都大致与纸面垂直（图3-11b）。

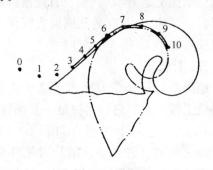

图3-8 蛇尺

图3-9 曲线板

七、模板

模板是用来绘制各种标准图例和书写数字、字母及符号的辅助工具，它可以帮助我们很方便地绘制各种规则式的平面几何图形，书写各种规范的数字及英文字母。根据其内容不同可分为几何模板和数字模板（图3-10）。几何模板有多种规格：圆形、长方形、棱形、椭圆形、三角形等图案；数字模板有诸多阿拉伯数字和英文字母。用模板写出的字规则整齐，图面清爽。

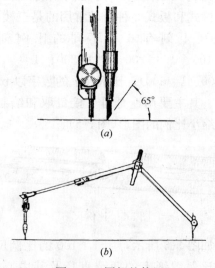

图3-11 圆规的使用
(a)圆规；(b)用圆规画大圆或大圆弧

九、擦线板

在绘图过程中经常会出现画错现象，要擦掉一条错线，很容易将附近的图线模糊或擦掉一部分，擦线板就是用来保护邻近图线的，板用薄塑料片或金属片制成，上面刻有各种形状的孔槽（图3-12）。擦线时要待墨线完全干透后进行，使画错了的线段在板上适当的小孔中露出来，然后左手按紧板身，右手持橡皮擦掉孔内的墨线。

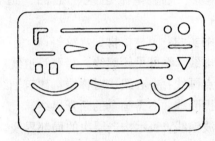

图3-12 擦线板

第二节 图纸、比例、线型和字体

为了做到制图统一，达到设计、施工相互交流和共建园林的目的，有必要制订一些统一的规定和标准。园林设计制图还没有统一的国家标准，但经过长期的实践及借鉴国家《房屋建筑制图统一标准》，园林同行们已摸索出一套相应的制图规范，主要体现在图纸、比例、线形、字体、标高、尺寸标注、指北针和风玫瑰等方面，本节将对此作一下初略介绍。

一、图幅、图框及标题栏

图纸包括绘图纸和描图纸两种，格式有横、竖之分（图3-13），其幅面及图框尺寸，应符合表3-1的规定。

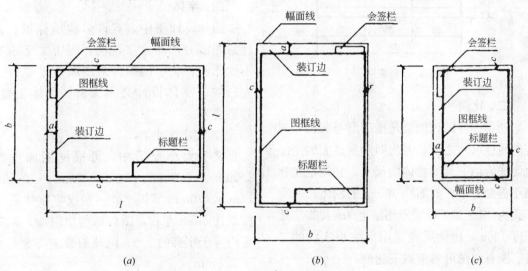

图3-13 图纸的幅面类型

(a) A0—A3横式；(b) A0—A3立式；(c) A4幅面

图幅、图框尺寸的规定　　　　　　　　　表3-1

尺寸代号＼幅面代号	A0	A1	A2	A3	A4
$b \times l$	841mm×1189mm	594mm×841mm	420mm×594mm	297mm×420mm	210mm×297mm
c	10mm			5mm	
a	25mm				

绘制图样时，应优先采用表中规定的幅面尺寸，必要时可以沿长边加长。对于 A0、A2、A4 幅面的加长量按照 A0 长边的 1/8 的倍数增加，A1、A3 幅面的加长量按 A0 短边的 1/4 的倍数增加。特殊情况下，A0、A1 幅面允许同时加长两边。

无论图纸是否装订，图纸标题栏（简称"图标"）（图 3-14）应放在图纸右下角，会签栏（图 3-15）竖放在图纸左上角图框线外，大小尺寸如图，单位为 mm。

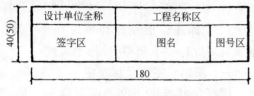

图 3-14　图标

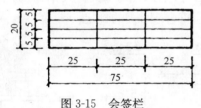

图 3-15　会签栏

二、比例

所谓图样的比例就是指图形与实物相对应的线性尺寸之比，因为即使是最大的图纸也无法容纳下真实物体的尺寸，必须把实物缩小再画出来，如缩小 100 倍的物体，注写形式为"1∶100"，表示图纸上 1m 代表实际长度 100m，比例尺就是用来缩小实物的工具。园林制图可参考以下比例：

园林总体规划设计图　　1∶2000～1∶1000
总平面图　　　　　　　1∶1000～1∶200
种植（绿化）设计图　　1∶500～1∶100
园林建筑设计图　　　　1∶200～1∶50
园林小品设计图　　　　1∶100～1∶20
断面图的比例　　　　　1∶200～1∶100

三、线型与线宽

设计图是线条与文字的组合，一张高品质的设计图必须由粗细不同的线条适当搭配，有一定美感且图面清晰。设计图中的线型一般有实线（粗、中、细）、虚线、点画线、波浪线、折断线等。其具体宽度由图形的复杂程度和大小而定，但按照同一比例画的图形，宽度必须保持一致。详细画法可参考如下：

粗实线：图框线、标题栏外框线和园石的轮廓线；

中实线：园林建筑、小品、道路、水景；

细实线：园林植物、水纹等；

虚线：不可见轮廓线、暗藏管道线；

点画线：中心线、对称线、建筑轴线；

折断线：不需画全的断开界线；

波浪线：表示构造层次的局部界线，如水纹等。

四、字体

园林设计图中，有许多物质标识、设计意图部分须用文字说明，图中文字占有不少比例，文字的编排对图面效果也有较大影响。字体设计必须大方，字体工整，效果清晰。

1. 文字大小

文字大小要适中，可根据图面选择 2.5mm、3.5mm、5mm、7mm、10mm、14mm、20mm 等规格。一般汉字字体高度控制在 5mm 左右，图名适当加粗加大，字宽约等于字高的 2/3；阿拉伯数字高度不小于 2.5mm。

2. 字体

图面及说明的汉字，应采用长仿宋体，标准的文字必须清晰、工整、大小一致，不要过于艺术化，或随意地用手写体书写。

3. 文字位置

文字在图面的位置一定与图面主体相协调，通过视觉调整，达到美观效果，随心所欲极易造成整个画面的混乱。文字之间也要搭配协调，均匀分布。

字体示范：

园林设计制图总平面堆叠山石布置建筑小品构件灯栏杆座凳

绿化平面图种植设计图纵横剖面图道路喷泉台阶广场花草树

五、符号

1. 索引符号

图样中的某一局部，如需放大或另见详图，应用索引符号引出，如图3-16所示。索引符号的圆及直径均以细实线绘制，圆的直径为10mm，直径线的上方为详图编号，下方为详图所在图纸的编号，如下部是一段细水平线，则表示该详图在本张图纸上。

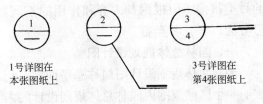

图3-16 索引符号

2. 详图符号

详图符号以粗实线绘制，直径为14mm，当详图与被索引的图样同在一张图纸内时，在详图符号内可直接用阿拉伯数字注明详图编号；如两者不在同一图纸内时，在符号内细实线上半圆内注明详图编号，在下半圆中注明被索引图纸的图纸编号（图3-17）。

图3-17 详图符号

3. 引出线

图样中有许多文字说明需用引出线导出。引出线宜采用细实线，可以是与水平成30°、45°、60°、90°的直线、半圆线或带箭头的任意曲线。为避免图面混乱，多用水平折线，文字说明注写在横线上方。索引详图的引出线应对准索引符号的圆心；多层构造的引出线应通过被引出的各层，文字说明的顺序与被说明的层次相互一致（图3-18）。

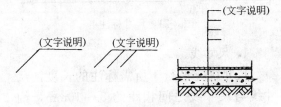

图3-18 引出线

4. 指北针、风玫瑰

在设计图上，一般都画有指北针，表示朝向。指北针用细实线绘制，圆的直径宜为24mm，指针尾部的宽度为3mm，在尖端部位处要写上"北"字（图3-19）。

在总平面图上，则应画出风向频率的标志。它是以十字坐标定出东、南、西、北、东南、东北、西南、西北等16个方向以后，根据该地区多年平均统计的各个方向风吹次数的百分数值而画成的折线图形。16个方向风吹的百分数值要按一定比例画在指向中心的直线上。粗实线围成的折线图表示全年风向频率，细虚线围成的折线图表示夏季风向频率。同样，在箭头的尖端也写上"北"字（图3-20）。

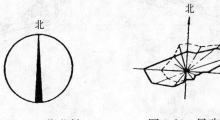

图3-19 指北针　　图3-20 风玫瑰

六、尺寸标注

设计图上除了依比例画出各园林要素的形状外，还必须准确、详尽和清晰地标注尺寸，以确定其大小，作为施工的依据。图样上所注的尺寸，表示物体的真实大小，与图形大小无关。图样上的尺寸应包括尺寸线、尺寸界线、尺寸起止符号和尺寸数字四部分(图 3-21)。

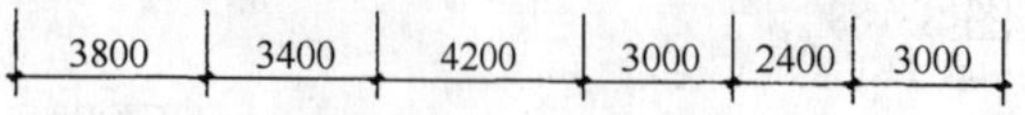

| 3800 | 3400 | 4200 | 3000 | 2400 | 3000 |

图 3-21 尺寸标注

1. 尺寸线

尺寸线应平行于所需标注的长度，尺寸线与尺寸线之间相距约 5～10mm，细实线。

2. 尺寸界线

尺寸界线应垂直于所注的轮廓线，尺寸和尺寸界线在相交处各延长 2～3mm，细实线。

3. 尺寸起止符

尺寸起止符，与尺寸界线顺时针倾斜 45°，长度为 2～3mm，粗实线。

4. 尺寸数字

尺寸数字用于标注半径、直径和角度，用箭头表示。

国际规定，各种设计图上标注的尺寸，除标高及总平面图须以 m 为单位外，其余一律以 mm 为单位。因此，设计图中尺寸数字除特别注明的以外，凡不注写单位的都是 mm。

第三节 园林设计图的常用类型

园林设计图是设计人员综合运用山石、水体、建筑和植物等造园要素，经过合理布局和艺术构思所绘制的图样。它能够将设计者的思想直观地表达出来，是园林设计人员的语言，人们可以形象地理解到其中的设计意图和艺术效果，并按照图纸去施工，从而创造优美的环境。园林设计图的种类很多，但根据其内容和作用的不同，可分为以下几种类型。

一、园林总体规划设计图

园林总体规划设计图简称总平面图，它表明一个区域范围内园林总体规划设计的内容，反映了组成园林的各个部分之间的平面关系及长宽尺寸，是表现总体布局的图样(图 3-22)。总平面图的具体内容包括：

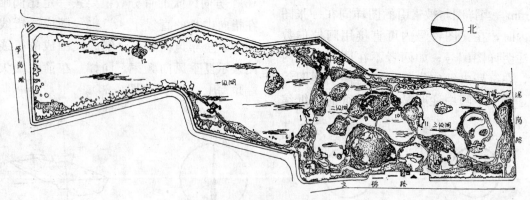

公园规划平面图

编号说明：
A. 主人口区　B. 金鱼热带鱼展览区
C. 游泳区　D. 垂钓区　E. 苗圃区

1—湖心亭；2—滚水坝；3—彩虹桥；4—划船码头；5—冰室、小卖部；
6—摩托艇码头；7—曲廊；8—芙蓉亭；9—亭；10—亭桥；11—音乐茶座；
12—画舫；13—洪涛阁；14—洪涛塔；15—公共厕所

图 3-22 某公园总平面图

(1) 表明用地区域现状及规划的范围。

(2) 表明对原有地形地貌等自然状况的改造和新的规划。

(3) 以详细尺寸或坐标网络标明建筑物、道路、水体系统及地下或架空管线的位置和外轮廓，并注明其标高。

(4) 标明园林植物的种植位置。

二、竖向设计图

竖向设计图也属于总体设计的内容，它能反映出地形设计、等高线、水池山石的位置、道路及建筑物的标高等，并为地形改造施工和土方调配预算提供依据。

三、种植(绿化)设计图

种植设计图是园林设计中的核心。它属于平面设计的范畴，主要表示各种园林植物的种类、数量、规格、种植的位置、配植的形式等，在此基础上附属绘出建筑、水体、道路及地下管道，是定点放线和种植施工的依据。

图中用小圆点表示树干位置，树冠大小按成龄后冠幅绘制，同一树种尽量连接在一起；草坪亦用小圆点表示。道路、建筑物、山石、水体等边缘处密集，然后逐渐稀疏，使图面疏密有致、清晰明了。

四、立面图、剖面图

园林设计中有很多建筑、园桥、水景、道路、土方工程等，立面图是为了进一步表达园林设计意图和设计效果的图样，它着重反映立面设计的形态和层次的变化。剖面图则用于揭示内部空间布置、分层情况、结构内容、构造形式、断面轮廓、位置关系以及造型尺度，是具体施工的重要依据(图3-23、图3-24)。

五、透视图

透视图用来表示园林景物空间的艺术效果，是利用中心投影法绘制的接近人们视觉印象的图样。实际设计中，往往需要在施工前就能看到建成后的效果，这就要求我们根据平、立面图画出形象逼真的图样来。这种图具有直观的立体景象，能清楚地表明设计

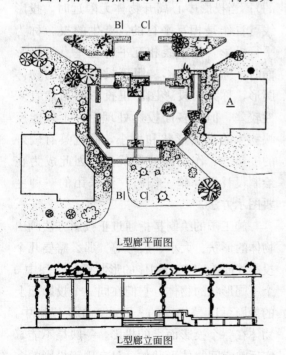
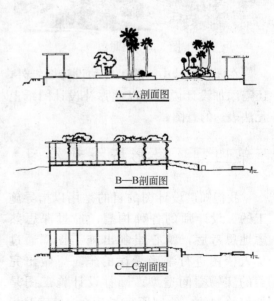

图3-23　L型廊立面图、剖面图

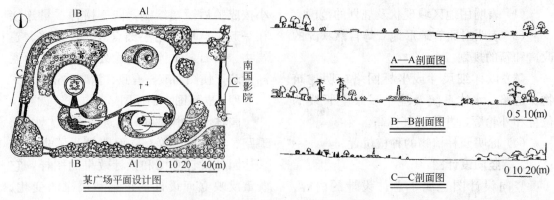

图 3-24　某广场平面图、剖面图

意图。但是在透视图上，不能注出各部分的远、近、长、宽、高的尺度，所以透视图不是具体施工的依据，但它能让业主和设计师进一步推敲造型、完善方案。

六、鸟瞰图

鸟瞰图是反映园林全貌的图样（图 3-25）。其性质与透视图一样，不同的是，鸟瞰图的视点较高，如同飞鸟从空中往下看。它主要帮助我们了解整个园林的设计效果。

图 3-25　鸟瞰图

在园林设计中，除了各种设计图纸外，还需添加设计说明，以此弥补设计图纸上无法表达的意图。

第四节　投影概念和练习

我们知道设计图的目的是用以指导施工的。设计师的各种构想，经过深思熟虑地思考后，精心绘制出施工图，通过工人依图进行准确无误的施工，做出完美的实物空间造型。园林设计施工图是如何绘制的？绘制原理是什么？答案是投影知识。

在日常生活中，我们看到物体在灯光或阳光的照射下，墙面或地面上就会产生影子，这种自然现象就叫做投影。经人们科学的总结、抽象，找到了影子和物体间的几何关系，逐步形成了在平面上表达空间物体的各种投影方法。

投影分为中心投影和平行投影。投影线由一点放射出来的投影，称为中心投影（透视图便是利用中心投影的知识绘制出来的）；当投影中心离开物体无限远时，投影线可看作是相互平行的，产生的投影称为平行投影。投影线相互平行且垂直于投影面时，称为正投影。用正投影线画的物体图形，称为正投影图。正投影图虽然直观性较差，但经多面投影处理后，不但能反映物体的真实形状和大小，而且具有较好的度量性、作图简便等优点，因此成为在绘制设计图、施工图时广泛采用的一种主要图示方法。

施工图的绘制是指通过正投影方法画出物体的形状、大小、尺寸等。那么需要几个投影才能确定空间物体的形状呢？空间中 5 个不同形状的物体，它们在同一个投影面上的投影可以是相同的。因此，在正投影中，物体在一个投影面上的投影，一般是不能真实反映空间物体形状的，只有用正投影的多面投影才能确定空间物体的真实形状。那么一般来说，用3个相互垂直的投影面（H、V和W）上的投影，就能比较充分地表示出这个物体的空间形状，即水平投影、正面投影和侧面投影（图3-26）。

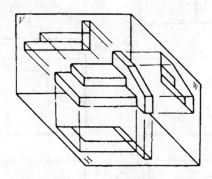

图3-26 三面投影

在设计制图中：

俯视图——水平投影视图，称平面图；

正视图——正面投影视图，称立面图；

侧视图——侧面投影视图，称侧立面图。

平面图是观看者面对 H 面，从上往下看物体时所绘制的视图。它反映物体的平面形状，物体的长度、深度方向的尺寸。

立面图是观看者面对 V 面，从前往后看物体时所绘制的视图。它反映物体的高度、长度、尺寸及正面造型。

侧立面图是观看者面对 W 面，从左向右看物体时所绘制的视图。它反映物体的侧面形象、深度、高度方向的尺寸。

正立投影与水平投影等长，即"长对正"；

正立投影与侧面投影等高，即"高平齐"；

水平投影与侧面投影等宽，即"宽相等"。

作为初学者，三视图必须经常练习，熟能生巧，准确掌握物体的投影关系、三视图的表达方式，能完整地把立体物用平面图、立面图表达出来，亦能通过平面图、立面图想象物体的立体形象，培养自己空间思维能力与绘图能力。以下有一些几何形体的投影训练，供同学们练习。

1. 画出以下几何形体的三面投影图

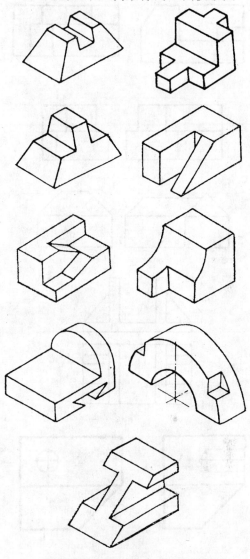

2. 根据两面投影图补绘第三投影

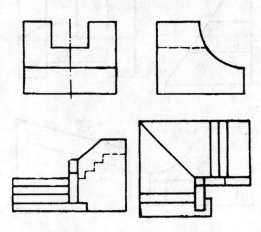

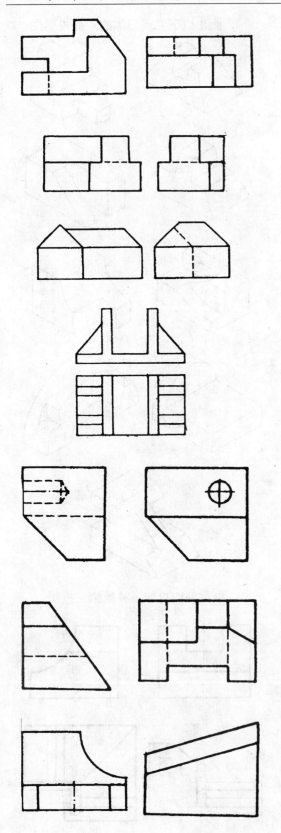
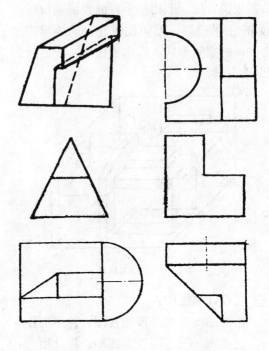

第五节 制图画法和范例

一、制图程序

1. 绘制稿线

画稿线需用较硬的铅笔，画出的线条应极为轻细，容易更改。稿线绘制步骤：先画图框；其次画图中的建筑、道路及水面轮廓线；再画园林植物的主要部分，最后转入细部。

2. 上墨

上墨时除应正确使用工具和仪器外，主要是正确控制线型、线条的连接以及字体和尺寸标注的整齐端正。正确的上墨次序如下：先粗线后细线；水平线自上依次而下；垂直线自左依次而右；标出尺寸数字及箭头。

3. 上色

上色又称色彩渲染，由于色彩渲染的表现力较强，可以比较真实、细致地表现出各种园林组成要素的色彩和质感，因而在当今的园林设计中经常被用来作为设计方案的最后表现图。色彩渲染的材料一般是水彩颜料和水粉颜料。前者具有透明性,而后者是不透明的。由于这一根本差别,两个画种的着色程序恰恰相反。在水彩渲染中,一般是先着浅色,后着深色;而在水粉渲染中,则正好倒过来,一般是先着深色,后着浅色,用浅色盖在深色之上。这是因为水粉颜粉具有这样一个特点:即愈是浅的颜色,含粉量愈大,覆盖的能力愈强,当局部的地方画坏时,可以等颜色干透后,再用较稠的颜色将其盖掉,便于改正错误。

二、园林组成要素的画法

园林绿地类型繁多,风景名胜、小区规划、庭院角隅的绿化等各不相同,但组成要素不外乎是园林植物、建筑、小品、道路、园桥、水景等(图3-27、图3-28、图3-29、图3-30、图3-31、图3-32、图3-33、图3-34、图3-35、图3-36)。

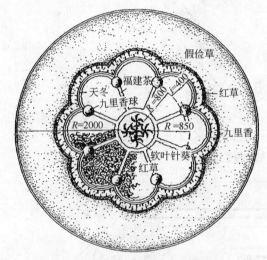

图3-27 某路口转盘的平面画法

图3-28 某校园内庭的平面画法

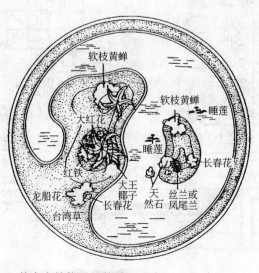

植物配置以大王椰子为主体,配置少量软枝黄蝉、朱蕉、丝兰等矮小灌木,它以自然清新的南国情调而取得独具一格的景观效果

图3-29 某内庭植物配置的平面画法

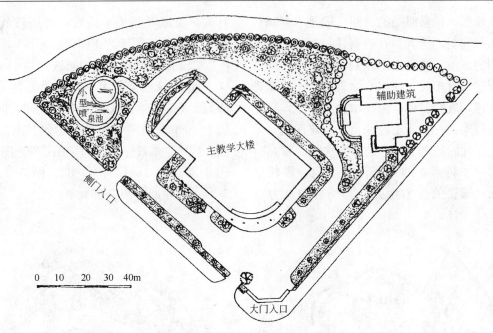

临街花木为规则式布置,其余部分为自然式布置,主入口及南部重点之处(包括游泳池附近)以棕榈科中的蒲葵、大王椰子、假槟榔为主,精心配置以少量花灌木,衬托建筑之美

图 3-30 某校园内庭的平面画法

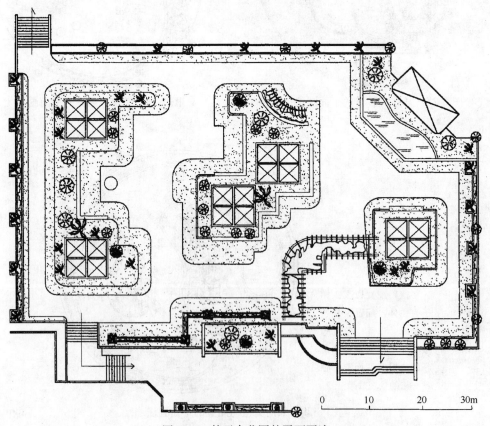

图 3-31 某天台花园的平面画法

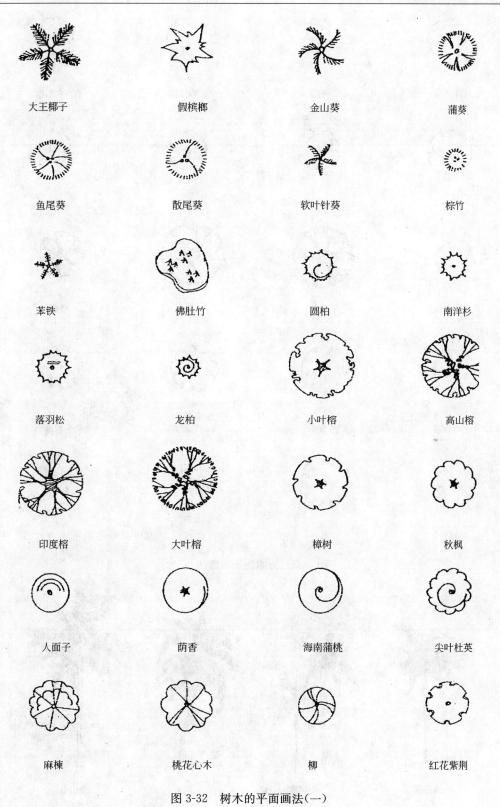

图 3-32 树木的平面画法(一)

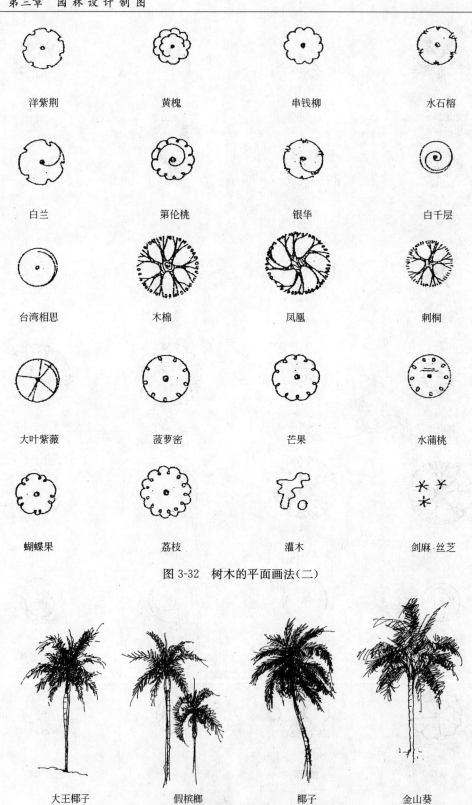

图 3-32 树木的平面画法（二）

图 3-33 树木的立面画法（一）

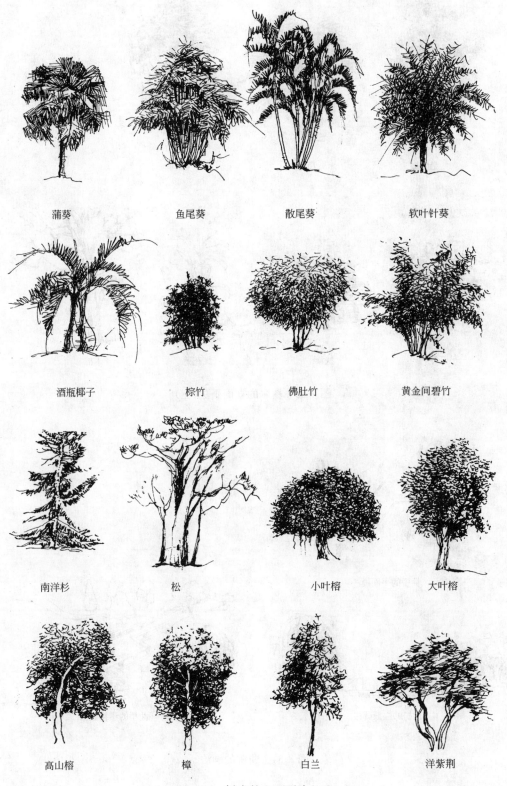

图 3-33 树木的立面画法(二)

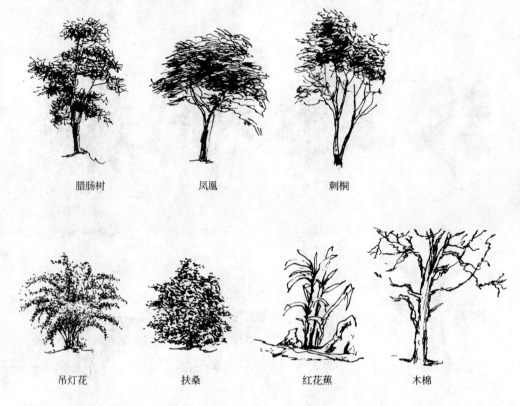

图 3-33 树木的立面画法(三)

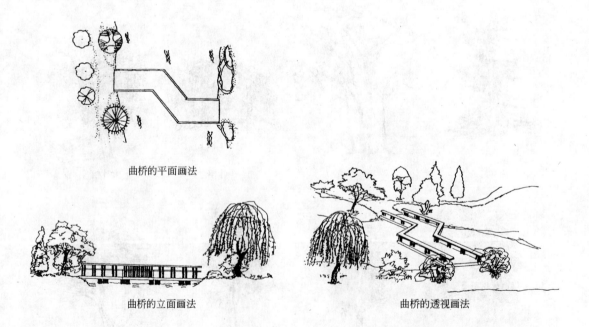

图 3-34 曲桥的画法

第五节 制图画法和范例 45

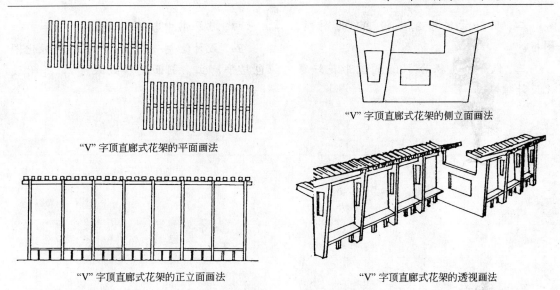

图 3-35 "V"字顶直廊式花架的画法

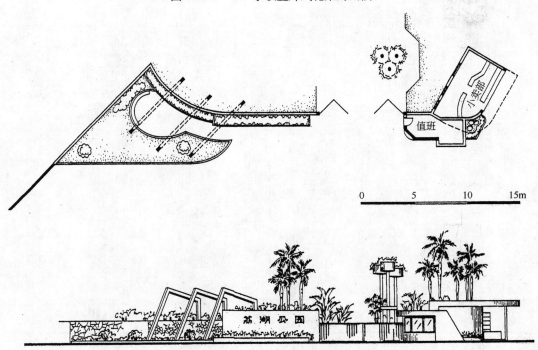

图 3-36 主入口平、立面的画法

讨 论 题

一、绿化制图的基本工具有哪些?各自的用途与用法是什么?

二、绘图纸有哪些类型?

三、绿化制图常用的绘图比例和线型是什么?找两幅园林图,对照说出图中的线型应用。

四、完整的一套绿化制图包括什么?

五、试讨论投影与制图的相互关系。

练 习 题

一、完成书中投影作业。

二、用针管笔绘制一份 A4 的图幅、图框。

三、做一个直径为 10m 的圆形花坛绿化设计练习。

四、临摹书中各园林绿化图。

五、设计绘制一套住宅小区环境绿化图（包括平、立、剖面图和效果图），并附设计说明。

第四章 植物造景

植物是构成环境绿化的基础素材,它占地比例最大。有了植物,城市规划艺术和建筑艺术才得到了充分表现。由植物构成的空间,无论是空间变化、时间变化和色彩变化,反映在景观变化上,都是极为丰富和无与伦比的,其质量与美学价值都使城市建设上了一个档次,尤其体现在由乔木构成的环境上。树木愈大,环境效益也愈大,美学价值也愈高。因此,植物景观是城市环境绿化的重要环节。

第一节 植物的分类

按植物的用途和应用方式,可把植物分为以下几类。

1. 灌木

灌木树冠矮小,多呈丛生状,树冠占据的空间虽然不大,但正是人们活动的空间范围。枝叶浓密丰满,常具有鲜艳美丽的花朵和果实,形体和姿态也有很多变化。灌木尤其是耐阴的灌木,常与大乔木、小乔木和地被植物配合起来成为主体绿化的重要组成部分。乔木和灌木之间有显著差别。乔木树冠高大,树冠占据的空间大,而树干占据的空间小;灌木则恰恰相反,可用作大乔木的下木以增加层次,也可作绿篱和边缘植物以示界线和分隔区域。灌木由于树冠小、根系有限,对种植地点的空间要求不大,土层也不用很厚。在防风沙、防尘、护坡和防止水土流失方面有显著作用,并可做地面掩护的伪装。灌木也可用以组织和分隔较小的空间,阻挡较低的视线,柔化建筑线条,补充道路的单薄。与其他植物配置得宜,既有实用作用,又有很好的艺术效果。

花灌木通常指有美丽芳香的花朵或有艳丽叶色和果实的灌木或小乔木。如梅花、桃花、月季、山茶、牡丹、榆叶梅、连翘、米兰、火棘、冬青树、小榆树等。

2. 园景树

园景树冠大荫浓,形体、姿态优美,除观树形外也可观其花、果和叶色等。如大叶榕、南洋杉、龙柏、紫叶李、龙爪槐等。

果木中有很大部分是花果兼赏的种类。如苹果、桃、李、杏、梅、山楂、柿、芒果、香蕉、樱桃、荔枝、龙眼、杨梅、枇杷、柑橘等,在园林绿化中应用果木有3种形式:①作为装饰点缀与其他观赏植物配置在一起,或作孤赏树等设计。②以果林的形式出现,春可赏花,夏可蔽荫,秋可尝果,冬可观林。如无锡梅园,遍种梅树,春寒料峭之时,百花迹绝,唯有梅花独放,成为广大游人踏雪寻梅的胜景。③果园,前两种以观赏为主,果园是生产与观光相结合,果园里的果实售给观光游览的人们尝鲜。在广东流行单位或是家庭到郊外踏青,包一棵果树,尤其是荔枝、龙眼成熟时,大家欢欢喜喜地围着一棵树,边摘、边食、边嬉戏,其乐融融。集观光与生产为一体的现代景区,既有游人在城市难见的山河自然风光,也有人文景观,是城市绿化的延伸,也是城乡一体化的联结。如深圳市公明镇楼村的万亩荔枝观光园,就是现代农业示范区。开设专线公共汽车可以从城里一直通到果园的深处,游人们可以游山玩水、品尝、娱乐,尽享郊外的自然风光。

在现代城市绿化设计规划中明确提出:"城市园林化、景区果园化"。树立大环境效益观,把环境概念从狭隘的绿化的种草栽树扩大到资源的利用和整体环境领域的全方位过程上来,形成环境利益共同体,责任共担、荣誉共享。如此,花园式、园林式城市蓝图就能变成现实。

3. 藤木

藤木是有细长茎蔓的木质藤本植物。它们可以攀援或垂挂在各种支架上,有些可以直接吸附于垂直的墙壁上,或借蔓茎向上缠绕与垂挂覆地,同时在它生长的表面,形成稠密的绿叶、花朵、果实的覆盖层或独立的观赏装饰点,可以丰富景区的立面景观。攀援植物类型很多,在环境绿化中应用极广泛,可以用来装饰街道、建筑、林阴道及各类园林中的其他个别部分,如建筑物的墙面、挡土墙、围墙、窗户台、阳台、电柱、花架、绿屏、花格墙、栅栏、篱笆、亭子、岩石、池岸等等的外貌。它在绿化上的最大优点是可以经济利用土地和空间,缓解城市中因建筑拥挤、空地空间小而无法用植物和草地进行绿化的矛盾。

其品种有凌霄、爬山虎(地锦)、紫藤、金银花、木香、络石、薜荔、常春藤、葡萄、铁线莲、山荞麦、炮仗花、素馨。许多攀援植物除了叶子好看外,开花繁茂,花期较长,色彩艳丽,并且可以吐放芳香,如紫藤、金银花等。

4. 绿篱

凡是由灌木或小乔木密植而形成的篱垣,栽成单行或双行的紧密结构的规则种植形式,称为绿篱或绿墙。绿篱的高度为0.2~1.5m;高度超过人们视线的称绿墙。

用作绿篱的树种,一般都是耐修剪、多分枝和生长较慢的常绿树种,如杜松、女贞、小檗、圆柏、黄杨、枸杞、三角花、九里香、木槿、珍珠梅、黄刺玫、珊瑚树。

绿篱的种类很多,以其形式来分,有不加人工修剪的自然式和经人工修剪的规则式以及自由式3类;以其一般观赏性和用途来分,有绿篱、花篱、编篱、蔓篱、刺篱、观果篱、落叶篱等;而每种绿篱以其高度分,有高、中、矮3种,高篱高度为1.5m以上,中篱高度为1~1.5m,矮篱高度为1m以下或0.2m以上。

绿篱的作用与功能表现在以下3个方面:

(1) 围护作用

在环境绿化中常以绿篱作为分界和防范的边界,可用刺篱、高篱或在绿篱内加铁丝刺网。绿篱可以起到保护草地和花卉的作用,不希望人们去踩草地或摘花,可用绿篱围起来。

(2) 作为绿化景区的区划线

以中篱作分界线,以矮篱作为花境的边缘、花坛和观赏草坪的图案造型的花纹。常用的装饰性的矮篱选用的植物种类有雀舌黄志、九里香、冬青、大叶黄杨、日本花柏、桧柏等。

(3) 分隔空间和屏障隔离

在自然式布局中,有一些功能性的局部规则式的空间,可用绿墙隔离,使强烈对比、风格不同的布局形式得到缓和。有一些热闹的场面,容易产生嘈杂的声音,距离安静休息区较近,可以用绿篱或用常绿树组成高于视线的绿墙,减少噪声的干扰。

(4) 作为喷泉、花境、雕塑的背景

环境绿化景区中通常把绿树修剪成各种形式的绿墙,以其作为喷泉和雕像的背景。其高度要么高于喷泉与雕像高度,要么就矮于喷泉与雕像的高度,以起到互相衬托作用,切不可与喷泉和雕像一样高,没主没次。色彩宜选用没有反光的深绿色树种作为浅色喷泉水和浅色雕像的背景色,以产生强烈的深浅对比,更加突出喷泉和雕像的主导作用。如果雕像是由深色或黑色的材料制成的,后面的背景绿墙可考虑用浅色树种做衬托。总之根据具体情况具体处理,以能突出主题、相辅相成、相得益彰为好。

(5) 用绿篱造景

结合地形、地势、山石、水池以及道路的自由曲线及曲面,运用灵活的种植方式和整形技术,构成高低起伏、绵延不断的绿化景观。用绿篱组织夹景,强调主题,景中有景,既整体又有变化,颇具艺术特色。

(6) 美化挡土墙

在各种绿化环境中,会有很多地段高差不同,在不同高度的两块高地之间的挡土墙,尤其是城市中的一些山包、土岗劈开造路而形成的很多挡土墙,为避免其立面上的枯燥,常在挡土墙的前方栽植绿篱,美化挡土墙的立面,设计精巧,不失为一道美丽的风景线。

绿篱内可以增加开花灌木,绿篱宽度为5m时,在绿篱内部可以配植开花的亚乔木和针叶树,当绿篱的宽度大于5m时,在两侧可以栽植绿荫大乔木以减少酷夏烈日曝晒之恼。

5. 抗污染树种

在环境绿化设计中应优先选用既有绿化效果又能改善环境的植物品种。以对烟尘、有害气体有较强抗性,从而起到净化空气的作用。如合欢、女贞、广玉兰、桑、无花果、圆柏、棕榈、大叶黄杨、夹竹桃、皂荚等。

6. 水生植物

有人把现代城市环境绿化设计比喻为:"建筑为骨骼,水为血脉,道路为经络,树木花草为毛发","水得地而流,地得水而柔"。有水就要有水生植物,水生植物可以为水景增加色彩和生气,因此,在环境景区绿化中常利用低洼地或水面集中种植水生植物。水生植物的茎、叶、花、果都有观赏价值。水生植物可打破水面的平静和单调,为水面增添情趣,以形成各类有水生植物点缀的景观。

水生植物以水为"家",由于长期生长在不同的水湿条件下,因而形成了与此相适应的生态类型。水生植物种类繁多,在环境绿化设计中运用水生植物,根据其习性及其在水中分布的深浅不同可分以下几类:

(1) 漂浮植物

漂浮植物的叶全株漂浮在水面或水中,根则悬垂在水中,与土壤不发生直接关系,对水的深度亦没有要求。这类植物大多数生长迅速,培养容易,繁殖又快。由于它们无固定的生长地点,常随风漂浮游动,能在深水与浅水中生长,大多具有一定的经济价值。在城市内人工湖水等比较平静的水面做点缀装饰,增加曲折变化,打破水平如镜的单调,为水景增加活气,创造水景生气盎然的气氛。如紫背萍、浮萍、水浮莲、凤眼莲、满江红、槐叶萍等。

(2) 沼生植物

沼生植物是生长在水和土壤过渡带上的一类植物,它们的根生在水底泥中,植株直立挺出水面,大部分生长在岸边沼泽地带。同时这类植物还具有水生和陆生双重习性,可以承受短时的水淹或短时的缺水,如荷花、蒲草、芦苇、水葱、千屈菜、菰、荸荠、茭白、水蜡烛、水生鸢尾等。

(3) 浮叶植物

浮叶植物的叶浮在水面上,但它们的根

生在水底泥中，并从泥中吸取养分，但茎并不挺出水面。这类植物不论是在浅水处或稍深一点的水域都能生长，死水、活水都能适应。如睡莲、菱角、玉莲、芡实、荷花等。

（4）沉水植物

沉水植物主要是生长在水下的水草类，通常叶子不露出水面，而在水下进行呼吸和光合作用。是近观效果的一类，利用水草组成的多与少、聚与散等不同而造型，配合观赏鱼的嬉戏。沉水植物可以聚集微生物，有利于观赏鱼的生长。

7. 草地、草坪

凡能覆盖土面的植物，包括草坪草在内的蕨类、球宿根花卉、矮生灌木以及爬蔓植物都称作地被植物。地被植物通常有草本植物和蕨类植物，也有矮灌木和藤本。草坪是地被植物采用最广的品种，草本品种可达数百种，常用的有20～30种。草坪草是优质的地被植物，用它覆盖地面，铺设草坪，能达到芳草如毡的艺术效果，使城市环境空间明朗开阔，洁净可爱。在以某一种草为主体的草地或草坪上混有少量多年生草花，如番红花、秋水仙、水仙、鸢尾科、海葱、石蒜、韭兰等球根植物。草花的数量不超过草地面积的1/3，分布疏密有致，自然错落，花开得美丽动人，可谓锦上添花。

由于我国南北气候迥异，所以应选用在当地生长良好的品种。华北地区可选用结缕草、野牛草、狗牙根、普通早熟禾等。华南地区可选用细叶结缕草（又称天鹅绒草、台湾草）、沟叶结缕草、玉龙、绣墩草、沿阶草等。蕨类植物在我国品种丰富，特别是在我国南方暖湿地区耐阴、耐湿的环境下生长的品种有：金粉蕨、绒蕨、过山蕨、鸟巢蕨、粗根鳞毛蕨、铁角蕨、肾蕨、马蹄蕨、海金蕨、桂皮紫萁、凤尾草、石长生、草苏铁等。

宿根地被植物具有低矮开展或匍匐的特性，繁殖容易，生长迅速，能适应各种不同的环境。一些耐阴、耐湿及耐干旱的品种有：紫苑、天人菊类、羊角芹、富贵草、多变小冠花、匍匐丝石竹、匍匐福禄考、丛生福禄考、林石草、萱草、铃兰、随意草、喜荫花、龙胆、天竺葵、马兰、红蓖麻、菊花、金粟兰、满天星、康乃馨、桔梗、四季海棠、紫花曼陀罗、火鹤芋、鹤望兰等。

在环境绿化设计中，草地、草坪的最大艺术价值是给城市环境提供了一个有生命的底色，它能把各种景物、花木统一协调起来，减少城市建筑群体的郁闭感，增加明朗度。天空、建筑、树木、花卉、水体在其映衬下，明丽光彩，使城市环境空间艺术得到完善和加强，给人们提供了洁静舒适的休闲、游憩场所。因此，现代城市不应该有露土的地方，都应该大量的铺设草皮，形成大片的绿色。

第二节　植物配置的基本技艺

植物配置分规则式、自然式和混合式3种类型。

一、规则式配置

规则式配置强调排列整齐、对称、有一定株行距，给人以庄重和肃穆的感受（图4-1、图4-2）。

图4-1　规则式种植

图 4-2 规则式种植

1. 中心配置

中心配置是指在对称轴线的相交点，如几何形花坛、广场的中心处，栽植树形高大、形体优美、外形较为规整的树种。

2. 对称配置

对称配置是指用两株树按照一定的轴线关系作相互对称或均衡种植的方式。一般选用树形整齐、轮廓严整，其品种、体形大小以及株距都应一致的乔木和灌木。对称配置在艺术构图上是用来强调主题的，作主题的陪衬。多选用耐修剪的常绿树。

3. 列植

列植是将同种的同龄树木按一定的株距进行行植或带植。通常为单行或双行，其形式有：①单行列植，用一种树种组成，或用两种树种间植搭配而成；②双行列植，重复单行列植；③双行重叠植，两行树木的种植点错开或部分重叠，多用于绿篱的种植。树木相互关系紧密，形成整体，达到屏障效果，封闭性好，可用来分割空间和组织空间。

4. 分层配置

分层配置即将乔、灌、草以其不同的高度分层配置，前不掩后，以便能呈现各层的姿容，使花期互相衔接和相互衬托，同时还可起到防护隔离作用。

5. 象形配置

象形配置是以不同色彩的观叶植物或花叶兼美的植物，在规则的植床内组成复杂华丽的图案纹样。如文字、肖像、时钟、各种造型的图形等，主要表现整体的图案美。植床多采用较简单的几何轮廓作外形，可用于平地或斜坡上。

6. 片植

片植是在边框整齐的几何形植床内，成片地种植同一种植物，如成行成排种植的林带、防护林、竹林、花卉、草坪植物等。

二、自然式配置

自然式配置以模仿自然界中的植物景观为目的，强调变化，没有一定的株行距，将同种和不同种的树木进行孤植、丛植、群植以及营造风景林等等，具有活泼愉快的自然风趣。

1. 孤植

孤植是指乔木单体的孤立种植类型，此树又称孤立树。孤植树的主要功能是构图艺术上的需要，作为局部空旷地段的主景，同时也可以蔽荫。孤立树作为主景，是用以反映自然界个体植株充分生长发育的景观，外观上要挺拔繁茂，雄伟壮观，具有较高的观赏价值（图 4-3）。

图 4-3 孤植

在孤植树的周围要求有一定的空间，使它枝叶充分舒展，要有适宜的视距，才能欣赏到它独特的风姿。因此孤植树适宜栽在空旷的草地上、林中空地、庭院、路旁、水边、巨石旁、林缘、高地等处。孤立树在构图上并不是孤立的，它存在于四周景物之中。如果作为主题出现，应放在周围景物向心的焦点上；如果作为景区建筑的配景出现，则可作前配景、侧配景和后配景等。如用在登山道口、道路或河流的转变处，既可作对景，又能起导游的作用，如黄山的迎客松。作为孤立树，位置应适当升高，前有良好的地被植物衬托，就能产生更好的艺术效果。

2. 对置

对置是指自然式栽植中的不对称栽植，即在轴线两边所栽植的植物，其树种、体形、大小完全不一样，但在重量感上却保持均衡状态。这是应用了天平均衡的原理。天平轴两边的秤盘是对称的，但秤盘里所盛之物，一边是体形很小的砝码，一边是体形大得多的物体，但它们的重量一致。所以在轴线的一边可以栽一株乔木，而在另一边可以种一大丛灌木与之取得平衡。

自然式对置最简单的形式，是以主体景物中轴线为支点取得均衡关系，树种分布在构图中轴线的两侧。必须采用同一树种，但大小和姿态必须不同，动势要向中轴线集中。与中轴线的垂直距离，大树要近，小树要远，两树栽植点连成直线，不得与中轴线成直角相交。

自然式对置可以采用株数不相同、树种相同的树种配植，如左侧是一株大树，右侧为同一种的两株小树，也可以两边是相似而不相同的树种或两种树丛，树丛的树种也必须近似。双方既要避免呆板的对称形式，但又必须对应。两株或两个树丛还可以对植在道路两旁构成夹景，利用树木分枝状态或适当加以培育，构成相依或交冠的自然景象。

自然式对置只能作配景使用，它可以布置在景区建筑入口两旁、小桥头、磴道石阶的两旁，并配以假山石以增其势，调节重量感，力求均衡。

3. 丛植

丛植是由同种或不同种的树木组成。通常是由两株到十几株乔木或乔灌木组合种植而成的种植类型，是树木发挥群体美的表现方式之一。既要求群体美的整体感，也要求对个体美的个性化。丛植的方式自由灵活，既可以形成雄伟浑厚、气势较大的景观，也可以形成小巧玲珑、鲜明活泼的特色。在景区中，它既可以用作主景，也可以用作配景，在景观和功能两方面起着很重要的作用。树木彼此之间有统一的联系又有各自的变化，互相对比，互相衬托。

树丛的平面构图，以表现树种的个体美和树丛的群体美为主。因此，在树丛的配置上，要求从不同的角度观看，都有不雷同的景观。因此，不等边三角形是树丛构图的基本形式，由此可演变出4、5、6、7、8、9株等株数的组合。

(1) 两株树木的配合

树木配植在构图上必须符合多样统一的原理，要既有调和又有对比。因此两株树的组合，必须首先有其通相，同时又有其殊相，才能使二者有变化又有统一。株数少，对比不宜太强。最好采用同一树种，但在动势、大小上可有区别，这样树丛就生动活泼起来了。两株树之间的栽植距离要小于树的冠径，使其尽量靠近；在动势上要有俯仰、顾盼的呼应。明朝画家龚贤说得好："二株一丛，必一俯一仰，一欹一直，一向左一向右，一有根一无根，一平头一锐头，二根一高一下。"又说："二树一丛，分枝不宜相似，即十树五树一丛，亦不得相似。"以上说明两株相同的树木，配植在一起，在动势、姿态与体量上，均须有差异、对比,才能生动活泼(图4-4、图4-5)。

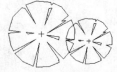

图4-4 两株树木的配合(一)

图4-5 两株树木的配合(二)

(2)三株树木的配合

三株树最好为同一树种或冠形类似的树种。树木的大小应有大、中、小三种类型。配置时,如果是两个不同树种,最好同为常绿树或同为落叶树,同为乔木或同为灌木。三株配合最多只能有两种不同树种,忌用三种树种(如果外观不易分辨,不在此限)。一般最大的和最小的一株较靠近,中等大小的一株要远离一些,形成有呼应关系的两个小组,平面构图上为不等边三角形。若把三株同种的树布置在花坛中心作主题,则这三株树应紧密地组合在一起,成为整体。在配置时,要注意选择冠形好的一面向外。若三株树配置在一起作配景处理,首先要确定树丛在地面上的位置,其次确定最高大的植株的位置,最小株应接近最大株,有相依之感,但位置应在最大株的前面,中间大小的植株离最大株距离稍远,与最小株能起到互相呼应的关系。古人云:"三树一丛,第一株为主树,第二第三树为客树。"

三株配植,树木的大小,姿态都要有对比和差异。栽植时,三株忌在一直线上栽植,也忌等边三角形栽植。三株的距离都要不相等,其中有两株,即最大一株和最小一株要靠近一些,使其成为一小组,中等的一株要远离一些,使其成为另外一小组,但两个小组要在动势上呼应,构图才完整(图4-6)。

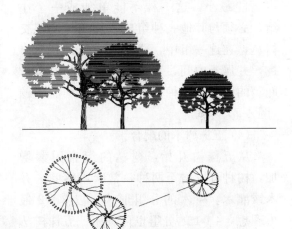

图4-6 三株树木的组合

(3)四株树木的配合

四株树木的配合,分为通相和殊相。

1)通相:采用同一树种,或两种不同的树种,而且必须同为乔木或同为灌木。如果应用三种以上的树种,或大小悬殊的乔木、灌木,就不容易调和;如外观相近的树木,就可以超过两种以上。所以原则上四株的组合,不要乔、灌木混合种植。

2)殊相:树种上完全可以相同,在体

形上、姿态上、大小上、距离上、高矮上要求不同，栽植点标高也可变化。

四株树组成的树丛，不能种在一条直线上，要分组栽植。按树丛外形可分为两种基本类型，一种是不等边三角形，一种是不等边、不等角的四边形。采用同一树种时，其应用在体量、大小、姿态上有所区别。两种树种配置时，应有一种树种在数量上占明显优势，形成3∶1的构图。

树丛分组栽植，但不能两两组合，也不要任意三株成一直线，可分为两组或三组。分为两组，即三株较近的，一株远离的；分为三组，即两株一组，另一株稍远，再一株远离。

当树种不同时，其中三株为一种，一株为另一种。这另一种的一株不能最大，也不能最小，这一株不能单独成一个小组，必须与其他一种组成一片三株的混交树丛，在这一组中，这一株应与另一株靠拢，并居于中间，不要靠边。当然应考虑庇荫的问题和树种是否对环境有利的问题（图4-7）。

(4) 五株树木的配合

从五株树开始，树丛的组合因素增加，树种可以增至两种，常绿或落叶，乔木或灌木。树木的分组形式，以3∶2最为理想，4∶1的分组也可利用。五株树丛是在三株、四株树丛的基础上演变出来的，只要掌握了前面各组树丛组合的规律性，就可灵活运用了。以3∶2分，可采用不等五边形或四边形的形式，主体必须在三株一组中。以4∶1分组，可采用不等边四边形的形式，忌三株树在同一条直线上（图4-8）。

芥子园画谱中说："五株既熟，则千株万株可以类推，交搭巧妙，在此转关。"丛植的关键，仍是在调和中要求对比差异，差异太大时又要求调和。所以株数少时，

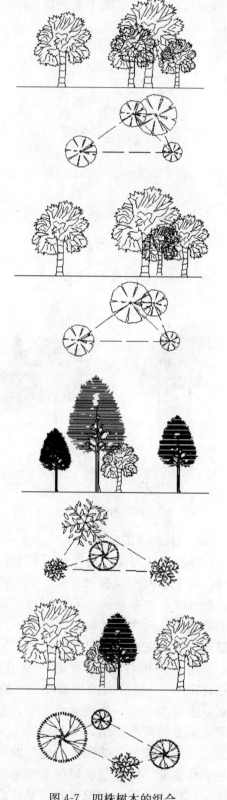

图4-7 四株树木的组合

树种就不能多用；株数慢慢增多时，树种可以慢慢增多。但树丛的配合，在9～15株以内时，外形相差太大的树种，最好不要超过五种，而外形十分类似的树木，可以增多种类。

4. 群植

大量乔灌木生长在一起的组合体称为树群。大量乔灌木的配置称为群植。树群所表现的主要为群体美，树群也像孤立树和树丛一样，是构图上的主景之一。树群所需面积较大，在园林绿地中可以用它分隔空间，增加层次，达到防护和隔离的作用。树群本身亦可作漏景，通过树干间隙透视远处景物，具有一定的风景效果；也可以作为背景、障景及夹景，起到屏俗收佳的作用。树群主要立面的前方，至少在树群高度的4倍、树群宽度的1.5倍的距离上，要留出空地，以便游人欣赏。

树群可以分为单纯树群和混交树群两类。单纯树群为同一树种所构成，在其下应有阴性多年生草本作地被植物。混交树群通常是由大乔木、亚乔木、大灌木、中小灌木以及多年生草本植物所构成的复合体。它是暴露的群体，配植时要注意群体的结构和植物个体之间相互消长的关系。通常，高的宜栽在中间，矮的宜栽在外边；常绿乔木栽在开花亚乔木的后面作为背景；阳性植物栽在阳面，阴性植物栽在阴面；灌木作护脚或下木，灌木的外围还可以用花草作为与草地间的过渡。树群的外貌除层次、外围绿化变化外，还有季相变化。如春有似锦的繁花，夏有凉风习习的浓荫，秋有艳丽的红叶，冬有傲霜雪的翠松等。但其各个方向的断面，不能像金字塔那样机械。树群的某些外围绿化可以配置一两片树丛及几株孤立树木，有意识地打破规矩和呆板，使其高低错落、疏密、聚散、轻重有度、美观、大方。

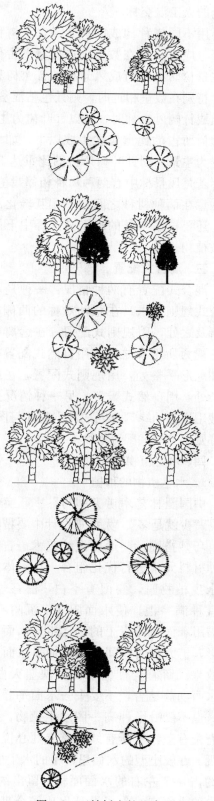

图4-8　五株树木的组合

树群内植物的栽植距离要有疏密变化，要构成不等边三角形，切忌成行、成排、成带地栽植。常绿、落叶、观叶、观花的树木的混交组合，不可用带状混交，应该用复层混交、小块混交与点状混交相结合的方式(图4-9)。

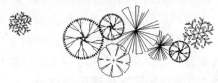

图4-9 多株树木的组合

5. 风景林

风景林在风景区内占地面积最大，可以单独布置在游览路沿途或附近的山坡上。自然式的风景林是孤植、丛植、群植以及大面积不等株行距造林的综合体。风景林依树种的多少有纯林和混交林之分；依林木郁闭度的大小有密林和疏林之分。

(1) 纯林

纯林多为水平状态的郁闭林。为了使纯林景观有所变化，可按自然地形的起伏，在高处种植高树，在低处种植矮树，形成有变化的林冠线。在平面布局上，林缘应该有进退曲折的变化，也可以树丛、树群的形式加以处理。纯林树种可选用松类、桂花、毛竹、桃等。

(2) 混交林

混交林是以植物有机体之间能形成稳定的群落为依据的。组合时，不仅要考虑地上部分相互依存的生态关系，还要考虑植物地下根系间的垂直分布，以形成自然均衡的人工混交林。

用不同树种构成的风景林，在树种的选择上应有一种在数量上或质量上占优势的主景树。如将组成风景林的各个树种混栽，特别在数量相近时，则景色枯涩贫乏。在组成针阔风景林时，如以针叶树为主景，阔叶树所占的比重应在1成以下；如以阔叶树为主景，则针叶树所占的比重达3~4成。若是风景林中有两种树种相邻栽植时，应注意在两种树种之间逐渐相互转化的问题，还要根据树林的疏密来选择中下层的地被植物。

三、混合式配置

混合式配置有两种情况：一种是服从混合式规则要求，在总轴对称的两侧、眼睛所及之处，用规则式配置，在远离中轴线、视力所不及之处，用自然式配置；或者在地形平整处，用规则式配置，在地形复杂处，用自然式配置。另一种情况是指绿地用道路的绿篱分隔成规则的几何图形，内部则用自然式配置植物。

四、水生植物的配置

1. 水生植物的种植

中国园林艺术讲究"巧"字，换句话说是"少就是多"。大水景设计中要精心设计，巧妙搭配，要运用设计艺术语言，把各种材料元素进行优化组合。在水体中种植水生植物时，要留有空白，留有气眼，不宜种满一池，使水面阻塞，沉闷不堪。要借用水面上或岸上的物体组合水面中的倒影，扩大水面空间作用，加强水面层次感效果。留有合理的水面反映蓝天白云，使水面动静结合，不要失去水面平静的感觉，也不要沿岸种满一圈水生植物，而应该有聚有散，有断有续，形成赏心悦目的景观。在较小型的水面里种植的水生植物，大约占1/3左右的水面面积，留出约2/3左右的水面来。为了设计出比较合理、合乎艺术规律又能为景观增加气氛效果的水面空间，要利用水中倒影效果，创造出富有诗情画意的境界。

2. 水生植物的选择和搭配

在水景中进行水生植物配置时，要充分表现植物的立面效果、水面的平面效果和倒影效果，才能设计出较好的水景。水景中的水生植物设计配置时，植物种类的选择和搭配要因地制宜，要了解熟悉大景区的设计风格、设计内容，在服从大景区的整体设计要求之下，作相应的配合和配置。在美化效果上要考虑有主次之分，以形成一定的特色，从而在植物的形体、高矮、姿态、叶形、叶色的特点以及花期、花色上能相互对比调和。

为了产生水中的倒影效果，可以多种一些高大乔木在岸边作为背景，通过高低错落的乔木倒影，来丰富水面景色。同时，在水面的边沿，以沼生或浮叶植物作为水和树之间的过渡带，使之在形态、质感、色彩以及气氛上造成深远的意境。善于把不同的水生植物景观同水进行巧妙的组合，达到趣味天成，这是环境艺术设计师对美好环境的再创造。

水生植物还应根据水面的大小和水的深浅以及水生植物的形态特征进行配置，求得丰富多彩、变化万千的艺术效果。如睡莲叶片较小，花形优美，色彩鲜艳，适合种于缸内或小水面近处观赏；荷花叶片大，生长快，适合种植于较大的水面，云天，倒影，莲叶，莲蓬，枝繁叶茂，如诗如画，使人留连忘返；而蒲草、茭白之类，适合种植在体现野趣的水景中，一座断桥，一只孤舟，几只白鹭，具有闲云野鹤的情调，也适合种植于港汊水湾之处。

3. 建池以栽种水生植物

除了在自然水域和人工水域配置水生植物外，还可以用水泥建一些池子。每池高矮不同、面积不等，大到 $9m^2$，小到 $1\sim 2m^2$。运用这些大小不同的池子组合成图案，按平面图案的需要配置色彩。按不同种的水生植物，设置不同深浅的池子，分别栽种水生植物，它的好处是：

（1）池内的栽培条件容易控制，如水深、肥料、土壤等可按植物的需要进行配置。

（2）池子的高度使参观者能舒适地接近植物，便于细致欣赏。

（3）可以用这些池子组织造型，远看，欣赏者既可看池子别致的艺术造型，又可看水生植物的气势；近看，欣赏者可以辨别出各种不同的水生植物品种，既可看到水生植物的生长规律，又可观察其细小入微的变化。

（4）冬季的管理、防寒和防病虫害等问题，可以区别对待。

（5）池子按照水的不同深度，要求分层设置，以便可以欣赏到分层设置的立面造型艺术效果。也可穿插用水缸来种植，在规则式水面上可将水生植物排成图案，形成水上花坛。

为了控制水生植物的生长，常需在水下安置一些设施，最常见的方法是设水生植物种植床，把种植地点范围固定起来，从而控制水生植物的生长。

第三节　花草植物设计

花草植物种类繁多，用于环境绿化设计时，应依其机能、环境因素、欲展示的效果等慎加选择。在环境绿化设计中种植花草植物，使环境绿化与景观更加亮丽。经过环境艺术的整体设计，配置以适当型、色、质地、高矮的花草植物，则更能于绿化之余达到美化环境的效果，达到"变化中有统一"、"统一中有变化"的意境。

一、花卉的种植设计

花卉种类繁多，色彩鲜艳，五彩缤纷。繁殖容易，生长周期短。它们以其精巧的形态、鲜艳的色彩和迷人的芳香，成为环境绿化和景观设计中必不可少的要素。常用作强调出入口的装饰、广场的构图中心、公共建筑物附近的陪衬和道路两旁及拐角、树林边缘的点缀。在烘托气氛、丰富景色方面有独特的效果，也常配合重大节日使用。它们可构成景物，表现充满活力的自然美；或配合景物，衬托主景；或组织空间，突出季相变化；或改观地势，控制视线，营造出多种景观效果；还起到绿化、净化、美化、香化人们工作和生活环境的作用。

花草展示效果受到以下几方面因素的影响。

1. 色彩

禾草类、蕨类、苔藓植物及多数阔叶草的叶片呈绿色，可用色彩鲜艳、开花繁密的花类或叶色美丽的观叶植物，进行互相衬托、对比，也可用观花的木本植物作造型，丰富色彩关系。良好的自然环境因子，如日照、湿度等，是创造良好的外观形象、色彩的基本条件。如在阴暗处最好不要种植禾草类植物和花卉，但却适合种植蕨类和阴性观叶类植物。

2. 质地

小面积场所应尽量使用质地细致、色彩较浅淡的花卉植物，给人以面积扩大的感觉；而面积较大的场所应采用质地粗重的植物。有时为突出质地细致的花卉植物，可选择质地粗重的植物进行组合搭配，以产生强烈对比。粗与细质地的对比，可采用面积大与小的对比，采用渐变、缓慢的对比方式。禾草类植物质地最为细致，而木本植物质地粗硬。若需要界定空间或引导路径，可种植质地粗重的植物。

3. 株高

乔木和木本植物比较高大，灌木次之，禾草类植株最低矮。如果禾草类植物不便于人们踩踏（高度在30cm左右），可以种植得宽一些（宽度不要小于90cm），可防止行人跨越，同样具有拦阻作用。乔木与灌木和禾草类植物根据需要，可以合理地组合，利用株高创造美丽的景观。

4. 密度

花草植物种植的疏密程度，与植物种类及栽种距离有关，时间也是因素之一。有些花草植物长势强劲，有些花草植物长势缓慢，根据时间的要求来选择。可以在短时间内将地表覆盖满，如狗牙根、地毯草；如果不急于出效果，可选用生长得比较慢的朝鲜草。

为了达到最后的展示效果，可以选择观花或叶色美丽者，突出其色彩变化。采用花与花之间的对比，如花朵颜色的对比（黄对紫、兰对粉、红对绿、黑对白、深对浅），以营造五彩缤纷的气氛，质地的对比（粗对细）及株高的对比（高对矮），也要同时考虑。若该场所或草坪上践踏频率高，为避免短时间内光秃，而影响展示效果，则必须选择耐践踏性高的植物（如狗牙根），斜坡地则须选择抓地力强的植物（如百喜草）。合理地选择花卉植物，可获得最佳展示效果，而花卉的美丽色彩也是环境绿化与景观设计的要点之一（图4-10、图4-11、图4-12、图4-13）。

图4-10 花卉的种植设计

二、花卉的组合设计

花坛是用花卉植物组合而成的不同形状的造型。它有两种形式：一种是用种花的种植床，不过它不同于苗圃的种植床，它具有一定的几何形状，常见的有圆形、方形、长方形、三角形、椭圆形、异形，还有立体多重形等等；另一种是用盆栽或器皿等可搬移的花卉组合成的花坛，这种花坛的优点是成形快、变化多，还可经常变化抽象图案造型。不同季节又有不同的分法，可分为早春花坛、夏季花坛、金秋花坛、冬令花坛以及永久性花坛等；根据花坛的形式及特点分有独立花坛、花坛群和带状花坛等多种形式。

1. 独立花坛

独立花坛是作为环境绿化景区局部构图的一个立体而独立存在的，具有几何形轮廓。一般布置在轴线的交点、道路交叉口、大型建筑前的广场内或建筑广场的中央，也常见于由花架或树墙组织起来的绿化空间的中央。独立花坛的平面外形总是对称的几何形，有的是单面对称的，有的是多面对称的。独立花坛的面积不宜过大，若是太大，必须与雕塑、喷泉或树丛等结合起来布置。独立花坛可以设置在平地上，也可以设置在斜坡上。

独立花坛所采用的材料不同，要表现的内容主题也各异，所以要分以下几种形式。

（1）花丛组合式花坛

花丛组合式花坛是以观花（即观赏草本花卉花朵盛开时的华丽鲜艳）及花卉本身艳丽的组合为表现主题的花坛。选用的花卉必须是花开茂盛、花丛花卉的枝杆高矮一致、开花整齐、花期一致且花期较长的植物，采用1种、2种甚至3种搭配在一起。花朵盛开时，花多叶少，花丛中见花不见叶，图案纹样在花坛中居于从属地位。盛花丛花坛观赏价值高，但观赏期短，需要

图 4-11 花卉的种植设计

图 4-12 花卉的种植设计

图 4-13 花卉的种植设计

经常更换花草，适合于重点装饰部位应用。

(2) 模纹花坛

模纹花坛是利用不同色彩的观叶植物和花叶兼美的植物来组合成精美图案、纹样、肖像或文字等的花坛。最宜居高临下观赏，还可以组合成各种立体造型，如花篮、瓶饰、动物肖像等。模纹花坛的平面布置像一条织花地毯，故又有"毡花坛"之美称。布置在斜坡或雕塑小品立面上，可以构成壁毯效果或浮雕效果，十分新颖动人，效果极佳。模纹花坛内要选择生长矮小、生长较慢、枝叶繁茂、耐修剪的植物，保证其长久的观赏期，要经常修剪以保证纹样的清晰。常用的植物有矮生的雀舌黄志、瓜子黄杨、五彩苋、小叶红、火艾、佛脚草、雪叶莲、天竺葵、白花紫露草、龙舌兰、苏铁、球桧、四季海棠等，将它们进行配置与点缀。

(3) 混合花坛

混合花坛是花丛式花坛与模纹花坛的混合形式，兼有华丽的色彩和精美的图案。其选择植物材料不择手段，以表现出最佳效果为最终目的，常选用草皮、花草、木本植物、假山石、喷泉等多种材料。

2. 花坛群

花坛群是由许多花坛组成的不可分割的整体。其排列组合是规则的。单面对称的花坛群，是由许多对称排列在中轴线的两侧的花坛组成的，这种花坛群的纵轴和横轴的交汇中心，就是花坛群的构图中心。用小路或草皮的互相联系来组织花坛群中的各花坛之间的关系，常用雕塑、纪念碑、喷泉、水池或独立花坛作为花坛的构图中心。

一般在市中心、大型建筑广场中央、公共场所、公用绿化公园的构图中心设置花坛群。花坛群不论从面积上，还是规模气势上，都营造了一派欣欣向荣的氛围。花坛群内部设置座椅、桌凳、花架等，使人与花草、人与自然更接近。设置花坛群是建设花园城市的要点之一。

(1) 草皮花坛

草皮花坛是用草皮和花卉配合布置而形成的花坛。通常是用草皮作主体，花卉仅作点缀，布置在草皮中心或边角，也有用花卉镶在草皮边缘作花边装饰的，这是为了草皮的收口，以起到加强立体感的效果。

(2) 立体花坛

立体花坛是以竹木结构或钢筋为骨架的各种泥制造型，在其表面种植五彩草而使其成为一种立体装饰物。这也是花草绿化由平面走向立体造型的一大发展，这也是五彩草与造型艺术的结合，使环境绿化设计又上升了一个层次，丰富了景观绿化，增加了艺术品味，凭添了无限趣味，形成了绿色环境文化。很多城市成功地制作了立体花坛，使景区名声大噪。云南世界植物博览会上就出现了很多振奋人心的立体花坛，使游人难以忘怀。这种花坛在城市环境绿化中应用广泛。它的优点是色彩鲜艳、用鲜花组合，给人以美好祥和、积极向上的活力。几何形或抽象造型与城市环境协调，体量感强，给人以亲切、幽默的氛围。而且还能表达人们的祝愿和企盼，如常见的日晷、龙、凤、狮、图腾、十二生肖等，还可仿造建筑、名胜古迹、花篮、瓶饰等。

3. 带状花坛

花坛的外形为狭长形，长度比宽度大3倍以上，可以布置在广场周围、道路两侧，或作大草坪的镶边装饰。在连续风景构图中，带状花坛可作为主体来运用，也可把带状花坛分成若干段落，作有节奏的简单重复，还可作为观赏花坛的装饰镶边和建筑物墙基的装饰。

三、花坛设计

花坛设计包括花坛的外形轮廓、花坛高度、边缘处理、花坛内部的纹样、色彩的设计以及植物的选择等。设在广场中间的花坛,它的大小尺寸应与广场的面积成一定比例,一般最大不超过广场面积的1/3,最小不小于1/10。作为主景设计的花坛是全对称的,如果作为建筑物或构筑物的陪衬,则可用单面对称。独立花坛过大时,会给观赏和管理带来麻烦。一般花坛直径都在8~12m以下,过大时内部要用道路分隔,构成花坛群。带状花坛的宽度最宜为1.5~4.5m,并在一定的长度内分段。

花坛设计时,在图案复杂的造型中,色彩宜简单,如果是色彩鲜艳的,则纹样应力求简单,这样会使造型轮廓比较清晰,从而做到繁而不乱、艳而不滥,以取得良好的观赏效果。为了装饰花坛且避免花坛边缘被人们踩踏,在花坛的边缘设置边缘石作为花坛的收边,也可在花坛边缘安装矮栏杆,还可用小叶黄杨、富贵草、书带草、扫帚草等,在花坛边缘铺一圈装饰性草皮或种植专用的"装饰植物"。这样既增加装饰效果又起到了防护花坛的作用。边缘石的高度为10~16cm,最高不超过30cm,宽度为10~15cm。

为了使景区内的花坛更有人气,要多考虑为游人提供方便,所以可以根据具体情况把花坛边缘石(应兼作坐凳)宽度增至50cm,具体视花坛大小而胀缩。矮栏杆具有一定的保护和装饰作用,为现代环境绿化设计广为应用。可以用金属、石料、水泥、木竹等制作,设计制作成与环境绿化相统一、与花坛相和谐的各种造型,为花坛增加人文情感。颜色以白色、米黄、淡灰和墨绿色为主,矮栏杆的高雅灰色彩,使花坛鲜艳的颜色有了一定的过渡,缓解了红花绿叶的强烈对比,提高了花坛的艺术格调,尤其是白色栏杆醒目与清洁,充满了现代风格的时代气息。总之,边缘石和矮栏杆的设计与形式要力求简洁明快,

与花坛从比例上、色彩上、造型上相适应,并要与周围环境和广场的铺装材料、设计风格相协调。

第四节 植物群落设计

一、植物群落类型

景观生态学中首先注重的是植物群落景观。在大自然中会出现大致相同的而形式不同的自然植物群落景观。但是自然植物群落的形成必须要有相应的自然条件,形成自然群落需要上百年的时间。我们除了保护自然群落景观外,还要扩大和发展植物群落景观,尤其要重视人工植物群落景观的建设。

1. 针叶林景观

针叶树的种类很多,形态丰富,各具特色。我国人造植物景观有由常绿针叶树组成的著名景观,如广州华南植物园的南洋杉林、安徽黄山的松林,大有"万壑松风"和"听涛"等意境及美名。凡是由针叶树和针叶林所构成的景观都令人赞赏不已。

2. 阔叶林景观

阔叶林有常绿阔叶林、落叶阔叶纯林和针阔混交林3种类型,各有不同的观赏价值。

(1) 著名的落叶阔叶纯林

此类林型有明显的季相变化,有温带和寒温带景色的特点。如东北、华北杨桦林景观。

(2) 针阔混交林

本类型所呈现的景观效果虽没有纯林那样纯朴,但由于色彩、明暗、浓淡以及体形和线条上有对比,使景色更富于变幻,饶有野趣。如大小兴安岭的白桦、落叶松林、红松椴树林和云杉桦树林。

(3) 常绿阔叶林

本类型无明显的季相变化，常年绿色，是典型的热带与亚热带森林景观。林相整齐、浓密，略呈波状起伏。群落结构有乔木、藤本、灌木以及草本地被植物。树木的透光度决定了层次的厚薄和疏密。

3. 竹林景观

我国人民深爱竹子，称竹子为四君子之一，具高风亮节的傲气，历代文人雅士均爱竹、颂竹。苏东坡曾曰："可使食无肉，不可居无竹，无肉令人瘦，无竹令人俗"。竹子的风韵美、造型美被人们赞赏。如杭州云栖和浙江莫干山都是因竹而闻名遐迩，从而成为有特色的风景名胜。

4. 棕榈科植物景观

无论是乔木还是灌木，都呈现出热带风光，如华南植物园的棕榈科植物构成的景观，独树一帜。

5. 溪涧植物景观

沿山涧和小溪两岸生长的植物富于变化，富有诗情画意，四季景观迷人。

6. 崖壁植物景观

这是大自然中有生命的植物与无生命的岩石结合而成的一种奇特景观。在环境绿化景观中，常摹拟天然崖壁植物景观。

当我们要在风景名胜区和城市环境景观中有意识地创造某些景观时，必须研究形成这些景观的植物的生物学特性及生态条件，因地制宜、因情制宜地为这些景观创造一定的生境，否则难以达到目的。杭州植物园就是人工形成生态群落的一个成功的实例。在无林地上营造森林群落景观时，应根据植物不同的耐阴程度、根系分布情况和林相来配置植物，但必须先选择生长迅速的适生树种作为先锋树种，构成一定的生境，然后逐一按群落结构要求，层层配置计划树种。

二、地域性植物群落景观规划

1. 地域性植物群落景观

地域性植物群落景观是环境绿化景观规划中的一种，它随着纬度、海拔、土壤母质、气候、地貌等一系列因素而有明显的差别。我国几大地域性植物景观归纳如下：

(1) 寒温带落叶针阔叶纯林景观
(2) 温带草原花草地被群落景观
(3) 温带阔叶林及针叶林景观
(4) 暖温带、亚热带常绿阔叶林景观
(5) 热带阔叶林、常绿季雨林景观

对于每一个地域性景观来讲，又可划分和提炼出许多植物群落类型。其中特别是具有较高的美的欣赏价值的群落结构，是我们提取的重点，应将这些群落景观再现于所在区域的植物景区中。

2. 具有美感效应的植物群落景观

(1) 东北、华北杨桦林景观

以白杨、白桦为纯林或混交林的喜光先锋树种，构成树干直立疏朗、以灰白色环纹树干为基调的群体景观，雪景桦林为典型的北国风光。

(2) 华中马尾松、枫香混交林景观

作为华中、华东丘陵地带喜光先锋树种，马尾松较枫香更耐瘠薄。常构成山顶部以马尾松为背景、山脚山谷以枫香为前景的群落，入秋枫叶层林尽染的气势十分壮阔。马尾松、枫香混交林下，常伴生着成片的杜鹃，春季又是一片山花烂漫的景象。

(3) 华中樟、苦槠、木荷常绿阔叶林景观

华中、华东次生林发展演替的稳定阶段多为常绿阔叶林类，此起彼伏的球形树冠组成的林层，构成柔美的林相，浓淡变化的绿色给人以亲切之感。

(4) 乌桕纯林景观

具有经济价值的乌桕，在人工成片栽植的情况下，入秋的艳红色，特别为人们所喜爱。

(5) 华中、华东杉竹混交林景观

以楠竹为主体的竹林，婀娜多姿，常伴生有挺拔的杉木，刚柔交替，黄绿相间，形成色块，构成景观效果。

(6) 华中、华东雪松、草坪群落景观

在华中、华东的许多园林中，人工配置的雪松、草坪群落，已构成很有特色的群落景观。雪松和喜光草种狗牙根所组成的稀树草地，在稍有起伏的绿茵草地上，水平和垂直线条既有对比而又调和，环境空间变幻有致。这种群落景观，宜配置在湖畔、山麓或平地上。

(7) 华中、华东落羽杉、水杉沼生群落景观

在缓坡的湖、池畔和浅水滩中种植落羽杉、水杉。由于泥土稀松，树木要支撑树冠，以最佳的力学结构来适应其环境，从而在其基部长出许多板状根，造成森林群体极富"力感"的艺术效果。入秋，一片淡黄，碧湖秋染的景色亦十分吸引人。

(8) 华南柠檬桉纯林景观

柠檬桉干皮白而光滑，扭曲直立，宜配置为疏林，枝叶稀疏而柔美。

(9) 华南、西南热带、亚热带雨林景观

热带及亚热带雨林，为华南南部及西南部西双版纳等地域性森林植被。但由于这些地方开发早，人烟稠密，原始林很少见，基本上为次生林。

(10) 华南、西南棕榈林景观

棕榈科植物大部分生长在亚热带和热带，主干独立挺拔，叶大而簇生于顶端，常呈纯林分布。其中尤以海滨的椰林最具南国风光之特色。

(11) 热带雨林群落景观

上层喜光先锋树种主要为山黄麻、白背叶、血桐等，中层常有榕、黄樟、异色山槟榔等，地被主要为蕨类植物。热带雨林景观层次复杂，藤蔓丛生，构成特有的藤本、乔木群落景观，特别是许多干生花、干生果现

象，更使热带雨林因奇物而具野趣。

以上这些具有美感效应的植物群落景观的运用，往往能形成植物景区的景观特色(图 4-14)。

图 4-14 地域性植物

第五节 植物配置原则

进行植物配置设计，首先要从环境绿地的性质和主要功能出发。环境绿化功能很多，具体到某一绿地，总有其具体的主要功能。如街路绿化的主要功能是蔽荫，在解决蔽荫的同时，也要考虑组织交通的作用。医院、庭园则应注意周围环境的卫生防护和噪声隔离，在周围可配置密林；而病房、诊治处附近的庭园多植花木，并修剪成各种造型供休息、观赏，起到环境物理医疗的作用。

环境绿化的规划形式决定了绿化植物的配置艺术形式，不同的配置艺术将产生不同的景观绿化风格。目前，中国环境绿化设计在传统配置理论的基础上有了新的发展。主要融进了欧美植物配置的理论和手法，在风格上有孤植、对植、列植、丛植、群植、风景林、草坪、地被植物、花坛、花池、花台、花境、花地、基础栽植和垂直面绿化等等，使我国配置理论逐渐充实和提高。例如法国和意大利的古典园林，主要采用对称式整齐栽植，把常绿乔、灌木和花卉修剪成各种几何形状或构

成地毯式模纹花坛；而我国古典园林的植物配置是不规则的，力求自然与诗情画意之境界，与我国古典建筑的对称式风格正好互补，相辅相成，自成一绝。

由于东西文化艺术的沟通，必然带来相互影响。这种影响极为深刻，致使西方古典园林风格向风致园发展，以植物造景为主的西方园林特点也逐渐向我国园林渗透。而西方园林植物造景的长处也融进了我国园林，使我国园林风格发挥得更加完美，更能适应我国城市现代化建设环境的绿化综合功能的要求。现代环境的绿化植物配置艺术的特点是：

（1）充分发挥地被植物的作用，做到裸土不见天。

（2）大量种草，建立草坪，使景区环境洁净明朗。在不具备挖池条件的地方，用草坪代替水池，也可取得开阔明朗的效果。尤其在住宅区内，建立草坪比水池更为适宜。

（3）市区内留出大面积的空地植种草皮和不同品种的果树，配置人工群落，充分发挥植物群落的作用，只有在重点的地方，才精雕细琢，追求植物的个体美。实现城市绿化和果林化，增加城市的景观。合理地设置大面积绿化，除了美化环境外，还给城市这盘棋留下了空间，调活了城市的布局，增强了城市的呼吸功能。

（4）培养林荫大树，一是为蔽荫；二是构景需要；三是给子孙留下古树名木，作历史的见证；四是最重要的，即减少日趋发展的热污染及空气工业污染。

（5）增设疏林草地和林中草地，作为人们户外活动的良好场所。

（6）为了丰富城市环境的绿化色彩，除了开花的乔、灌木外，要充分发挥草花的作用，尤其注意不同季节开花的花木搭配，做到月月有绿、季季有花。

（7）大量应用攀援植物作垂直面绿化，构成绿屏、绿廊和花架，并用它攀援墙面、电线杆、岩石以上的岸壁，起到美化环境、增强绿化效益、弥补空间缺陷等作用。

（8）广泛应用基础栽植以缓和建筑线条、丰富建筑艺术、增加风景美，并作为建筑空间向园林空间过渡的一种形式。

环境绿化配置是植物造景的基本技艺，它不同于纯功能性的农用防护林带或纯经济用途的人工林、果林以及花圃等等，它的不同就在于"艺术"二字。环境绿化配置包括两个方面：一方面是各植物之间的艺术配置；另一方面是绿化植物与其他绿化要素，如建筑、道路、山石、水体等相互之间的配合。在部署植物、配置植物时，上述两方面都应考虑。要根据绿地的性质、立地条件、规划要求、各类植物的生态习性和形态特征、近期与远期的、平面和立面的构图、色彩、季相以及园林意境等，因地制宜地配置各类植物，充分发挥它们与功能相结合的观赏特性，创造良好的生态环境，求得植物与植物之间、植物与环境之间的最大协调。

讨 论 题

一、绿篱的作用与功能是什么？
二、攀援植物在绿化中的作用是什么？
三、水生植物的种植设计要求是什么？
四、花草配置和花卉组合有哪几种形式？

练 习 题

一、做三株树丛、五株树丛、七株树丛的构图练习。
二、做设计绿篱草图练习。
三、做五种花坛设计方案练习。
四、设计三幅花卉组合的彩色效果图。

第五章 绿色空间的利用

现在城镇的建筑物是朝着多层、高层和高密度发展,并逐步地侵蚀着极为有限的绿色空间。如今在政府的支持和专家们的倡议下,制定了一系列城市绿化规划和法规,各房地产商和市内企事业单位共同努力,通力合作,逐步推广和普及开拓城市绿化空间——垂直绿化,力求改善城市生态环境,把屋顶和天台、凉台全部园林艺术化,为市民创造绿色空间,让市民的生活阳光明媚、空气清新、鸟语花香、绿意盎然。

第一节 新绿化空间

土地是不可再生的资源。除了发展建设原有土地、进行绿地建设外,还应充分利用建筑物、构筑物的空中、墙体和地下等三度空间。也就是说在城市里一切能用绿色植物构成的空间均要成为人们努力开发的绿色空间,要向一切可以绿化的空间渗透,让建筑物及城市里一切人为构筑物溶于绿色空间之中。

一、阳台、窗口、檐口、女儿墙的绿化

城市里的与建筑物、构筑物相关的空间绿化中,阳台、窗口、檐口、女儿墙及外墙是开拓绿色空间的最常见、又容易做到的有效的空间部位,进行美化和绿化的潜力很大,要经过专业部门的规划设计,是又一道美化城市的风景线。但如果没有经过统一规划设计,可能会杂乱无章,破坏建筑的整体风格,影响整个景区的整体效果,所以整体风格设计是有必要的。

1. 阳台

阳台、窗台和檐口、女儿墙,其本身的作用,一是功能性需要,二是装饰性。它们是建筑的附属建筑构件,本身是与建筑浑然一体的。所以阳台的绿化装饰按阳台的布置形式可分为悬挑式、凹凸阳台、凹阳台和转角凸阳台等。

悬挑阳台、转角挑阳台又称敞开型阳台。这种阳台由于二至三面均为低矮的钢围栏,因此通风和光照条件最好。由于通风及光照良好,阳台内的空气容易干燥。夏季缺少荫地,花草保湿性差,而冬季防风保温较差,所以装饰敞开型阳台空间的花卉的采用应注意花草的环境特点和生育条件。

阳台由于它的受力情况特殊,所以一般只能在它允许的活荷载下使用。通常只可以摆放盆花或中小型盆景进行组合造型,而不适宜在阳台内砌置较深的种植池。

凸阳台和凹阳台又分别称为半封闭式阳台和全封闭式阳台。它们的受力状态比悬挑阳台要好,承受力也大,它们的承重构件多支撑在横墙和外墙上,可以承受在阳台外纵墙边缘处砌筑小型花池或小型浅水池。这类阳台还可以在二面侧墙上设置盆架、种植槽或精巧的艺术花架,摆放各类花卉、盆景、艺术石。在朝西向的阳台上种植各类观叶、观花、观景的攀援植物,可以在夏季酷热西晒时缓解温差,起到夏季防晒、遮荫的作用。

阳台因朝向不同,所受日照时间的长

短有显著的差异。应根据植物喜光程度的不同,来摆放花卉的位置,需强光照的品种应放置在阳台的外边缘及栏杆上,而耐阴的观叶植物等要放在背阴处和太阳不直接照射到的部位,或是放在阳台的里面。不同季节阳光直射的角度变化不同。春季的阳光照射角度渐渐升高,阳台内的阴影部分逐渐增多。秋天时,太阳的照射角度逐渐降低,一般可照射到整个阳台,有利于各类花卉的生长。夏天,要经过一些防暑、保湿处理。若不预先设计出防热、保湿处理的措施,就会导致炎夏的干热风把较小的盆栽花木、叶片烧枯,导致盆土干热而损伤根系。为预防夏季热风,应在阳台内设置必要的挡风和遮荫部件,设置滴水保湿设施,以促使植物健康生长。冬天,在北方等寒冷地区,要经过某些保温处理后,才能在阳台上安全过冬。

在阳台的栏杆上和墙壁上悬挂各种植物盆,所采用盆型的材质和造型要根据建筑风格、阳台造型风格、绿色空间设计风格而选定,常见的有陶器、瓷器、玻璃、玻璃钢、硬塑料、石材等。除摆放盆花外,还可在阳台内建造各种类型的种植槽,它可设置在阳台板的周边和沿阳台的栏杆上。还可利用阳台实心栏板做成花斗槽形,这样既增加了种植花卉的功能,又丰富了阳台的造型。

阳台上的种植槽池是架设在人工的种植器中的,它的底部必须设置预留排水管,将其放在侧壁上。此外在槽池底部放置种植土前,应在槽底先放一些粒径大的陶片或沙、石,形成一个存水又便于植物根系通气的层面。预留排水管放在侧壁的好处在于,防止泥水下滴和能在槽底贮存少量的浇灌水。

2. 窗台

窗台绿化是利用窗口的上下左右进行点缀性美化,它增加了建筑物的生气,并赋予了情感的内涵。从室内平视窗外,又能观赏到绿化植物和鲜花,大自然美的乐趣延伸到了室内,换句话来说就是扩展了室内的视觉空间。

通常建筑的外墙多数是采用砖砌承重外墙或预制装配式大型墙板和钢筋混凝土框架结构的填充外墙。有些窗口绿化的种植槽、池是与土建工程同步建造的。

在已建成的建筑物窗口增设窗口种植池时,可选用陶盆、塑料或金属箱。无论哪种做法和材料,它的盆重、种植土和种植物的总重量不要超过100kg。当开始配置花草时,一定要对窗口种植池的可承重能力进行了解分析,不要盲目的放置一些体积大的、比较重的大型花草植物和装饰实物,如假山、石料等。负载超重,容易造成支架或锚固件不牢、植物种植池倾覆脱落事故的发生。

3. 屋檐和女儿墙

屋檐和女儿墙的绿化多表现于沿街建筑物的屋顶外檐处。在屋顶檐口外建女儿墙,起到屋顶围护栏杆的安全作用,同时美化了建筑立面艺术造型。沿屋顶女儿墙建花池,既不破坏屋顶防水层,又不增加屋顶楼板荷载,管理、养护、施土、浇水方便宜行。既可在屋顶上观看条形花带,又可在楼下观赏垂落的绿色植物。

二、墙面绿化

城市里各类多层、高层建筑物占地面积约占城市用地面积的25%。各类建筑物的外墙、围墙、挡土墙、河道护坡墙、立交桥墙面以及一切垂直于地面的建筑物和构筑物的墙体,成为现代城市提高人均绿地面积和城市绿化覆盖率指标中的一项潜力极大的绿化内容。通过墙面绿化,可以缓解城市空地少、人均绿化面积需求大的矛盾,改善城市生态环境的效果也很显著。

墙面绿化投资少，易管理，容易实施，是寻求"再生土地"的有效措施。墙面绿化在城市的绿化进程中，将愈来愈显示出它的独特的优势。

墙面绿化要因地制宜，应根据所处的地理、气候等自然环境选择和配置植物，要以配合建筑物的美观需要而进行配置，不要盲目地没有设计目标地进行配置，要清楚墙面绿化本身的意义和作用，同时要选择基础墙面。通常建筑物的墙面分为清水墙面和混水墙面。所谓清水墙面，就是较为普遍的红砖或青砖砌筑的砖外墙。它的墙面的外表不进行任何装饰，只进行勾缝处理。而混水墙面是指在砖墙和其他材料的墙板外，再用各类饰面进行粉饰。混水墙的外饰面最常用的有水泥沙浆抹面、水刷石墙面、塑料漆喷涂墙面、各种面料（锦砖、石料等）、铝合金装饰板、镜面玻璃幕墙等。墙面绿化要取得好的效果，除选择适合在当地生长的攀援植物外，最关键的问题是要使植物能牢靠地、按照各自的生长习性固定在墙面上。实践证明清水墙面比混水墙面更适合于墙面绿化。尤其是一些旧房屋，外观不是很美观，短时间内还不会拆迁，应该植种大量的攀援植物。一是美化了旧建筑物；二是拓展了绿化空间；三是对墙体起到了保护作用。例如清华大学图书馆，已建造了70多年，墙上爬满了爬山虎，几十年的风风雨雨，墙面红砖无损伤，砖面光亮，棱角规整，亦无风化现象。

中、小城市的建筑外墙大量采用各种乳液涂料饰面。在乳液涂料墙面上进行绿化时，应了解涂料成分是否会对所种植物品种产生不良影响。因为某些有害的化学合成物质对植物有危害作用，不了解它们之间相危害的程度，会造成大量攀援植物死亡或病害，影响美观效果，甚至造成大量的经济损失。

现代城市建筑的材料大量地采用铝合金板墙面和玻璃幕墙面。在这些人工合成的光洁度很高的材料上不易进行攀援植物种植，因为攀援植物在光洁度高的材料上不易固定，一遇大风就容易脱落。如果为了美化设计需要而非要装饰上攀援植物时，一定要另行进行一些利于吸附等固定的处理，比如加饰一些线条、网架、丝网等。另外，金属板和玻璃属于吸热材料，在炎热光照下，尤其是在我国南方酷热的气温下，不能正常生长，甚至会烤焦干死。

在我国的北方，要周密的考虑墙面绿化越冬的防冻、防寒计划，要预料冬季的美化效果。如在北方建筑上种植攀藤植物，冬天绿叶都枯死了，藤干要有一定造型设计和装饰构图。这就要求设计师投入较多的心血，巧妙的设计、配置干枯的、单调的藤干，使其虽没有美丽的绿叶的衬托和诱人的果实的点缀，但藤干和枯叶的合理搭配，也有一种苍凉的美，一种老辣的美，以美化北方冬季的风景，丰富北方冬季的景观。比如欧式墙面多饰一些葡萄藤，中式墙面多饰一些紫藤。

除建筑物的墙面外，挡土墙、河道护坡和单位围墙、围栏上都可进行绿化，它对美化市容和环境保护达到了一举多得的效果。绿化形式可以多样，有些城市建设在丘陵地带时，它的街道和建筑物周边都会有一些人工挡土墙，为了承受土石压力，采用石料或混凝土墙。在施工前要根据周围的建筑物和环境景观风格特点，采取相适应的、风格统一的设计手法，设计制作空心的混凝土图案和造型的挡土墙。利用混凝土图案和造型的空隙种植护坡草，利用石料材质的挡土墙装饰种植藤本蔓生植物。在城市环境绿化中，墙面绿化的进行越来越显示出它独特的优势。

第二节 屋顶绿化

一、屋顶绿化的特征

随着城市的发展建设，建筑物占据了大量土地，公共空间绿地越来越少，主体建筑物四周已经没有多少绿化面积。如将主体建筑四周的裙楼屋顶进行绿化或修建屋顶花园，不仅能偿还被侵占的绿地面积，还可以增加城市"自然"的空间层。脱离开大地联系的屋顶绿化首先应考虑建筑物平面、立面的限制。地形改造只能在屋顶结构楼板上，堆砌微小地形，水池不能下挖，绿化造型多变化于平面构成设计上。屋顶绿化是完全建在人工"地基"——屋顶楼板上的。一切绿化景观要素都受到支承它的屋顶结构的限制，不能随心所欲地运用造园因素——挖湖堆山。

屋顶绿化平均荷载只能控制在一定范围之内。其中屋顶种植土的厚度就要受到限制，导致屋顶种植土多采用人工轻质混合土，因其容重较小，使得在屋顶种植的树木的抗风能力明显地比在地面上自然生长的树木差，所以不宜在屋顶种植较大的乔木。种植土层厚薄影响土壤水分容量大小。而植物生长的基本要素——水，在较薄的种植土中很容易被蒸发或被建筑楼板的热传导烘干，如果没有均衡的人工浇灌和雨水的及时补充，种植土很容易迅速干燥，严重地影响植物的正常生长。因而，在地面上的自然土地中种植的生长良好的花木，移植到屋顶（天台）上就可能影响它生存成活。屋顶上绿化效果的好坏，直接取决于是否选择了适合在屋顶生长的植物品种。要根据植物的生长特性，结合屋顶上种植土薄、外界气温变化对种植土将产生的影响，以及从下部建筑楼板结构中传来的冷、热两方面的温度变化所形成的不利条件，选择一些浅根性树木、耐晒耐热的植物、常青常绿的灌木及有开花期长等特点的植物。

屋顶绿化气流通畅、污染较少、日照时间长，为植物进行光合作用创造了良好的环境，有利于植物生长。屋顶上的气温，白天高 4~5℃，晚上则低 2~3℃。而这种较大的昼夜温差对依赖阳光和温度进行光合作用的植物在体内积累有机物十分有利。例如深圳职业技术学院生物系种养植专业师生在屋顶上种植的西瓜和草莓，甜度很高，经化验，屋顶上种植的草莓比地面上种植的草莓含糖量提高了 4%~5%。同时，在屋顶上种植的草莓和地面上种植的草莓相比较，在屋顶上种植的草莓比地面上种植的草莓成熟期提前了 8~10 天。再如在屋顶上种植的月季花、玫瑰花、勒杜鹃花，比地面上种植的同类叶片厚实且浓绿，花朵大，色质艳丽，花蕾数比种于地面上的增加 2 倍，花期开放时间提前近 1 个月。河南省洛阳市花农把牡丹花枝带到深圳，在屋顶上进行栽培，牡丹花这个在河南四月份开花的花中之王，竟然在深圳的春节期间盛开，为深圳乃至广东带来了富贵吉祥的好春光。

屋顶绿化的另外一种形式，是按照某一区域总体规划的要求，将许多单体建筑围成一个或多个新空间，根据使用要求，在此大空间的二层、三层……用钢筋混凝土柱、梁板，建起架空平台，在平台上按不同的功能要求和造园艺术建造多功能的天台花园，上种植花草植物和小型景观等。平台下的原有地面则开辟为停车场、公共交通车站、小巴车站或书报刊亭等。居民们从各种交通工具下车后，通过有顶的长廊走入楼寓。各种机动车不进入天台，不同程度地降低了交通废气污染和噪声对居民的不良影响。

屋顶绿化与其他周围环境相分隔，没有交通车辆的干扰，很少形成大量人流，环境清静又安全。老年人在其中散步、晒太阳，年轻人晨练，儿童嬉戏，空气新鲜，阳光明媚，不失为一道城市绿化的风景线。

二、屋顶绿化的环境效能

我国城市在已建的各类房屋本身寻找出路，将主体建筑四周的裙房屋顶进行绿化或修建屋顶花园。这样不仅能有效地偿还被侵占的绿地面积，还可以增加城市的"自然"空间层，能在空中俯瞰到一座绿色的现代化城市，并让居住或工作在高层楼层的人们，俯瞰到更多的绿色景观，享受到大自然的美景，提高人们的生活质量。

人们常把植物的绿色理解为生命的象征，从而产生清新感、亲切感。绿色环境，常常给人们生机勃勃、进取向上的感觉。在当今经济高度发展、竞争激烈的社会，人们处在极度紧张的生活和工作环境之中。当人们逃避开喧嚣的街市或离开劳累的工作环境后，移身于静雅的屋顶花园的树木花卉的芳草环境中，脑神经系统就会从强刺激性的压抑中解放出来。优雅的环境、宜人的绿色，它对人的心理作用比其他物质享受更为深远，特别是绿色植物在人们通过感官接触时，给予人们在心理方面的一系列享受——树木花草等植物组成的自然环境内涵着的极其丰富的形态美、色彩美、芳香美和风韵美。绿色植物能调节人的神经系统，使人的紧张疲劳得到缓和消除，使激动的情绪恢复平静，使人在宁静安逸的气氛中得到休息和调整。它们对人们日常生活的不断调整，有利于人们的身心健康。身居闹市环境中的人们渴望屋顶花园的绿化环境，渴望居住、生活、工作、娱乐、休息在绿色的环境中。

屋顶绿化改善了屋顶眩光，美化了城市景观。由于利用绿色植物覆盖住了一些反光、眩光的材料，减少了日趋恶化的热污染，同时还起到了夏季隔热和保护防水层的作用。房屋的构造为保证建筑室内冬暖夏凉，在屋顶结构楼板上，一般要做保温隔热层。保温隔热层应设置在屋顶防水层之下。各类卷材和粘结材料通常是暴露在大气中，夏季经受日光曝晒，冬季经受冰雪寒风侵蚀，久而久之，屋顶防水层的材料经常处于热胀冷缩状态，从而导致老化或破裂，造成屋顶漏水。屋顶绿化的建造，为保护露在外面的防水层、防止屋顶漏水，开辟了新途径。

屋顶绿化还可以起到冬季保温、夏季隔热的作用。屋顶在夏季由于阳光照射，屋面温度比气温高得多。不同结构、不同颜色和材料的屋顶温度的升高幅度不同，最高可达 70～80℃以上，由此而产生的热应力大，较易破坏屋顶结构。而经过绿化的屋顶上，大部分太阳辐射热量消耗在水分蒸发上或被植物吸收。通过种植层的阻滞作用，屋顶种植层下屋顶表面的温度仅 25℃左右，有效地阻止了屋顶表面温度升高，同时降低了屋顶下的室内温度。在我国北方采取屋顶绿化，可以起到冬季保温作用。如果屋顶绿化是采用地毯式满铺地被植物，则地被植物及其下的轻质种植土组成的"毛毯"层，加强了屋顶保温层的作用，取得了冬季保暖的效果（图5-1）。

图 5-1 屋顶绿化的环境效能

天台花园的构造做法，是在钢筋混凝土结构平台上造园。它上面是以绿色的植物和水体等为主，所采用的种植土是人工合成土壤，需要的厚度为 30～100cm，种植物通常是以地被植物、花灌木和乔木等为主。屋顶花园或天台花园成败的关键是防水层施工的好坏。要做好平台防水处理，防止浇灌水下渗。常用的防水材料品种有进口的聚氨酯、绿丁橡胶布、液态薄膜等，还有国内产的三元乙丙防水布等。据了解，屋顶或天台防水层确保不漏水的主要原因在于极为严格的建筑施工管理和施工质量，并不完全在于所使用的材料的品种。

三、屋顶绿化的分类

屋顶绿化的设计和建造应因地制宜、因"顶"制宜。要巧妙地利用立体建筑物的屋顶、平台、阳台、窗台、檐台、女儿窗和墙面等开辟绿化场地，并使这些绿化具有园林艺术的感染力。组织屋顶花园的空间，采取借景、组景、点景、障景等造园技法，创造出不同使用功能和性质的屋顶绿化环境。实现"实用、精美、安全"的设计原则。

屋顶绿化的类型和形式按使用要求的不同是多种多样的，不同类型的屋顶花园，在规划设计上亦应有所区别。

1. 按使用要求区分

(1) 经营性屋顶花园

根据国际上评定宾馆星级的要求，屋顶花园是星级宾馆的组成部分之一。此类屋顶花园的使用功能较多，如开办露天歌舞会、冷饮茶座等，占用了大部分屋顶绿化面积，因此，花园中的一切景物、花卉、小品等均以小巧精美为主。植物配置应考虑其使用特点，选用既美观又在傍晚开花的芳香品种。照明设施灯具等应选用精美、高雅、安全适用的种类。同时屋顶绿化景观配置一定要与主体建筑和总体装饰设计风格相协调统一。

(2) 公共性屋顶花园

公共场所的屋顶绿化除具有绿化效益外，在设计上应考虑到它服务对象的公共性。在出入口、场地布局、植物配置等方面满足人们在屋顶上活动、休息等需要。因为是"公共"的需要，所以要留有大面积空间，便于人们驻足、聚集，场地宽阔、游路通畅，便于人们活动。而植物的种植则多采用规整的种植池、各种花池、花坛种植池高低错落地合理布置，地被植物、地被花灌木及乔木层次分明，整洁大方，便于管理。

(3) 家庭式屋顶绿化

近年来随着复式房和多层阶梯式住宅公寓的增多，人们开始重视屋顶绿化，屋顶小花园已经和家庭密不可分。它一般面积较小，多为 10～30m² 左右。除了种草养花外，还可设置一些小品和小体积的景观等，养一些小宠物和养鱼类。运用中国园林少而精的内容造景，创造出"小中见大"的优美环境。为了营造一些绿色空间的氛围，可利用墙体和栏杆进行垂直绿化。绿色的植物可以延伸到家庭的厅房里，使人们在都市里、高层建筑上过着近似乡村的优雅生活，提高了幸福家庭的生活质量。有些住户还利用屋顶空间种植一些时令瓜果蔬菜，为家人和左邻右舍提供尝鲜。

2. 按绿化形式区分

为了拓展绿化空间，屋顶绿化的主体应是绿色植物。根据不同的环境艺术设计要求、不同的建筑设计风格及不同的主体承重物的颜色，采用不同的花色品种的植物、地被植物、树木及景观造型，采用与建筑风格相适宜的种植形式和搭配层次。通常采用的形式有以下 3 种。

(1) 片状种植区

1) 苗圃式：屋顶绿化的种植区采用花

圃通用的排行式，在较大的屋顶上结合屋顶的面积，种植果树、中草药、花木、蔬菜和草坪。这类苗圃式种植，必须在较小的空间内合理地种植较多的植物，整个屋顶布满规整种植池，同时还要考虑高低植物搭配间种，有效地利用有限的空间。这种形式应该大力推广，不但产生了绿化效益，还创造了物质价值，获得了物质收获。

2）地毯式：在整个屋顶或屋顶的绝大部分，种植各类地被植物或小灌木，形成一层绿化的"生物地毯"。这种绿化形式除了清一色的地被、草花外，还可以根据建筑风格和周边景色采用图案化的地被植物，在高楼林立之中，给人们带来绿色美景和艺术享受。由于地被植物在种植土的厚度为10～20cm时即可生长发育，是一般屋顶结构均可承受的。地毯式的绿化形式不但可以遮盖不雅观的黑色沥青屋顶，还拓展了绿化覆盖面，产生了良好的生态效益。

3）自由式：以其建筑的不规则型而因形施艺，或是觉得规则型太呆板，欲破之，求其自由、变化。可以借鉴中国园林形式，突出自由、自然、变化、曲折、含蓄等特点，采用细微地形变化的自由种植区，种植地被、花卉、灌木，从而形成很小的绿化空间。还可以运用中国园林的造景技法，产生层次丰富、错落有致、顾盼有情、色彩斑斓的植物造景效果。

（2）分散和周边式

这种点线式种植花木的方式可以根据屋顶的空间尺度和使用要求来布置，它具有灵活、构造简单、便于管理、适应性强等特点。这种由花盆、花池、花坛等分散组成，沿建筑屋顶周边进行布置、装饰的方法，勾画出了整幢建筑层层叠叠的绿色玉带，丰富了建筑主体，其绿化形式是别的形式所无法替代的。由于种植器皿小巧，可以根据不同的要求变换造型，组织成较分散自由的绿化区。

（3）空间开敞式

按屋顶绿化空间开敞程度，大致分为开敞式、半开敞式和封闭式3种。①开敞式：开敞式屋顶周边不与其他建筑构件相接，成为一座独立的空中花园，常采用成片状的地毯式绿化形式，视野开阔，通风良好，可不受障碍地观赏城市的美景。②半开敞式：半开敞式屋顶花园的一侧、二侧或三面被建筑物包围，一般是为其周围的主体建筑服务的。可充分利用墙面进行垂直绿化，种植一些盆景植物。③封闭式：封闭式屋顶花园的四周被高于它的建筑物围住，形成天井式空间。这种全封闭的屋顶花园最适合北方寒冷地区，可把天井式空间罩上透光、遮雨材料，有利于保温，是花木越冬的最佳环境。也可通过屋顶花园成为四通八达的流动空间，为四周建筑提供消闲服务。与四周空旷的屋顶花园相比，在这种花园里休息，更能给人以安全感。

第三节 屋顶绿化的种植工程

在屋顶上进行环境绿化与景观设计，除屋顶以下的土建工程之外，还应包括种植设计、微地形种植区设计、屋顶防水、排水和水电设计、水景景观设计、座椅、园灯、园林铺装、雕塑小品等园林工程项目。

屋顶绿化的园林工程和建筑小品的设计、施工，必须与建筑物的设计、施工密切配合、相互合作。因为屋顶花园的承重、防水、排水、供水、供电以及出入口等都要由建筑设计、结构设计和房屋设备等工种在建筑物设计和施工中得到确认，并在建筑施工中预留出水电等管线。若在原有建筑物屋顶上改建或扩建屋顶花园，园林工程与旧建筑物的关系就更加重要。因为它关系到旧建筑物的结构、管线、防水等一系列的使用安全和承受能力等问题。

一、种植设计与种植区的构造

屋顶绿化或屋顶花园都应以绿色植物为主体。在屋顶有限的面积和空间内，各类草坪、花卉、树木所占的比例应占60%～70%以上。为了达到理想的绿化环境和效果，应该在屋顶上建造使各类植物生长良好的种植区，运用各种材料，修建形状各异、深浅不同的种植区（池）。

常见的花池有方形、长方形、圆形、菱形、梅花形等。采用哪种图形，应根据屋顶具体环境和场地来确定。池壁高度要根据植物品种而定，地被植物只需厚10～20cm的种植土即可生长；大型乔木需厚度为100cm以上的种植土，其种植池也就相对的要高，才能保证树木的正常生长发育。常用普通黏土砖砌池壁，也可用空心砖横向砌制，透气性好，有利于植物生长，表面装饰以贴面砖、石材、陶砖、理石、花岗岩等。

大型屋顶花园，尤其是与建筑同步建造的屋顶花园多采用自然式种植池。这种种植形式与花池（台、坛）种植相比有许多的优点。首先，它可以根据地被花灌木、乔木的品种和形态，形成一定的绿色生态群落，有一种返璞归真的绿化效果。其次，可利用种植区不同种植物需求的不同和种植土深度的不同，使屋顶出现局部的微地形变化，从而增加了屋顶的造景层次，微地形既适合种植的要求，又便于屋顶排水。再次，自然式种植区与园路结合，曲折的园路与有变化起伏的地形可延长游览路线，达到步移景异的艺术效果。

屋顶绿化种植区与露地相比较，主要的区别是种植条件的不同。既要尽可能地模拟自然土的生态环境，又要克服屋顶排水、防水等困难，减轻屋顶荷重。由于屋顶的种植土是人工合成的营养层，所以要设置过滤层以防止种植土随浇灌水和雨水而流失。如果人工合成土中的细小颗粒随水流失，不仅影响了土的成分和养分，而且会堵塞建筑屋顶的排水系统，甚至影响到建筑物下水道的畅通。因此，必须在种植土的底部设置一道防止细小颗粒流失的过滤层。

二、屋顶绿化植物的选择

1. 屋顶绿化植物的种类

屋顶绿化植物的选配形式，要根据建筑所具备的基本条件和环境艺术设计的要求来确定。选配的植物品种，要确保屋顶绿化能四季常青、三季有花、季季有景。根据以上原则，选配的植物的品种要比露地花园的品种更为精美。

（1）地被植物

地被植物是指能被覆地面的低矮植物，有草本植物、蕨类植物、矮灌木和藤本。蕨类植物在我国品种丰富，特别是在我国华南地区，其气候暖湿，为耐阴、耐湿环境下生长的品种创造了良好的生存环境。其品种有：绒蕨、亨利马蹄蕨、金粉蕨、粗根蕨、毛蕨、鸟巢蕨、铁角蕨、过山蕨、划苏铁、凤尾草、石长生、海金砂、桂皮紫萁等。

宿根地被植物具有低矮开展或匍匐的特性，繁殖容易，生长迅速，能适应各种不同的环境，具有耐阴、耐湿及耐干旱等特性。其较有代表性的品种有：富贵草、丛生福禄考、紫苑、羊角芹、天人菊类、萱草、多变小冠花、匐丝石竹、林石草、小地榆等。

（2）花灌木

花灌木一般指有艳丽叶色或美丽芳香的花朵和果实的灌木及造型美、有花、有果的小乔木。如牡丹、山茶、桃花、梅花、月季、火棘、连翘、榆叶梅等。

(3) 藤木

藤木是有细长茎蔓的木质植物。它们可以攀援或垂挂在各种支架上，有些可以直接吸附于垂直的墙壁上。它们是立体垂直绿化的最佳种植品种，是屋顶绿化上各种棚架、凉廊、女儿墙、栅栏、拱门山石和垂直墙面等的绿化材料。藤木植物占用很少的种植面积，应用灵活多样，最大特点是充分拓展了空中的绿化空间，表现出神话般的景象，为人类带来了诗情画境，在提高屋顶绿化质量、丰富景色、美化建筑立面等方面显示出了其特有的魅力。一般常用的有爬山虎、紫藤、葡萄、凌霄、金银花、炮仗花、山荞麦、薜荔、络石、常青藤、铁线莲、木香、素馨等。

(4) 园景树

屋顶花园（绿化）由于建筑承重与面积的限制不适宜种植冠大荫浓的乔木。为了提高花园（绿化）的景观文化，在屋顶花园中的局部中心布置园景树，赏其树形或姿态，或利用园景树造景和在局部增强树丛的层次。可以选用少量较小的乔木或一两株棕榈等进行点缀，除观树形外也可观其花、果和叶色等。如龙柏、龙爪槐、南洋杉、紫叶李。

(5) 环保树种

在屋顶绿化中，一些既有绿化效果又能改善环境的抗污染植物品种，很适宜在一些重工业城市或受工业污染比较严重的城镇进行植种，它们对烟尘、有害气体有较强抗性，起到净化空气的作用。如合欢、皂荚、木槿、女贞、圆柏、大叶黄杨、棕榈、无花果、桑、广玉兰、夹竹桃等。

(6) 绿篱

屋顶花园中可采用分隔空间和屏障视线的绿篱，也可采用雕塑、喷泉及一些景观小品作背景。用作绿篱的树种，通常都是耐修剪、生长较慢和多分枝的常青树种。如圆柏、枸桔、九里香、三角花、女贞、杜松、黄刺玫、黄杨、珊瑚树、珍珠梅、小檗、木槿等。

屋顶绿化在选配各类植物时，首先要了解其生态习性及生长速度、开花期。如选用不同特性的品种，要了解其品种抗旱、抗热、抗寒、耐湿、耐阴及耐酸、耐盐碱的程度。以便在选择屋顶绿化植物时，正确的选配适宜在不同地区生长良好的种类。

2. 屋顶绿化植物生长条件的特性

屋顶绿化中植物的移植应具有以下特性。

(1) 植物品种强壮并具有抵抗极端气候的能力。

(2) 适应种植土浅薄、少肥的花灌木。

(3) 能忍受干燥、潮湿、积水的品种。

(4) 抗屋顶大风的品种。

(5) 能忍受夏季高热风、冬季露地越冬的品种。

(6) 容易移植成活、耐修剪、生长较慢的品种。

(7) 能抵抗空气污染并能吸收污染的品种。

(8) 较低的养护管理要求等。

三、屋顶绿化区的排水设置

在屋顶绿化区设置排水层，是在人工合成土、过滤层之下，设置排水、储水和通气层，以利于植物生长。设置排水层的目的，首先是为了改善屋顶人工合成土壤的通气状况，其次是储存多余水以利备用。植物主要是依靠根系吸水，在土壤含水适量而又透气的情况下，植物根系就比较发达；在含水量饱和的土壤中，植物根就较少。影响根系吸水的外界条件主要是土壤含水量、土壤温度和土壤的通气状况。当土壤的通气良好时，大多数元素处于可以被植物吸收的状态；而当通气性差时，一些元素则以毒质状态存在，从而抑制植物的正常生理活动。因此，屋顶绿化种植区的排水层决不是可有可无的构造层。

种植区的防水与排水和建筑物屋顶防水和排水是一个问题的两个方面。即除建筑物屋顶原设的防水、排水系统外，在屋顶绿化的种植区和水体（水池、喷泉）等再增加一道防水、排水措施。即在种植区范围内的排水层下，做一层独立、封闭的防水层。因为相对整个屋顶而言，其面积是很小的，因此，除常用的卷材防水外，可以采用一些防水做法，如用紫铜板或硬塑料做防水层。种植区的排水通过排水层下的排水管或排水沟汇集到排水口，最后通过建筑屋顶的雨水管排入下水管道中。

讨 论 题

一、阳台的绿化种植设计要求是什么？
二、屋顶绿化的环境效能作用有哪些？
三、屋顶绿化与景观设计的原则。
四、怎样在屋顶绿化中体现科研与生产的效用？

练 习 题

一、设计三张屋顶花园的平面规划图。
二、设计欧陆风格和中国风格的屋顶花园效果图各一张。

第六章 室内绿化设计

室内绿化环境是环境绿化的延续。人作为大自然本身的产物,具有向往自然、接近自然的心理要求,对失去的绿色环境有着自然的怀念。奔波于水泥森林之间的人们,尤其是长期工作、生活在室内的人们,更渴望周围有绿色植物的环境。因此,将绿色植物引进室内已不是单纯的"装饰",而是满足人们心理需求的不可缺少的因素。绿色空间还能提高人的文化艺术品味,陶冶情操,协调人与环境的关系,创造祥和、安宁、幸福、环保的境界。绿色植物在光合作用下使空气新鲜,并调节湿度,缓解室内建筑结构和家具的生硬线条,遮挡一些建筑结构的缺陷,协调、对比、丰富室内的色彩。植物的绿色可以给大脑皮层以良好的刺激,使紧张的神经系统得以宽松和恢复,对一些神经高度紧张和现代生活快节奏的人们,从心理到视觉都有一定的康复作用。绿色在人们的眼中是最美的颜色,一切生命都产生于绿色。

第一节 绿化与空间

现代社会是快节奏的信息时代,世界各国的交流往来、互相学习,已使地域风格都在不断地拉近和融汇。强调空间及整体的高品位、高艺术的设计将会普及到每一个地方和每一个人。组织、完善、美化、协调人与环境的关系,是一项具有深远意义和实际可行的任务。绿化作为内部环境设计的要素之一,在组织、装饰、美化室内空间等方面起着重要的作用。

一、室内绿化空间设计

1. 室内外环境的空间过渡与延伸

室内外空间的过滤与延伸,将植物引进室内,使内部环境空间兼有自然界外部空间的因素,使人减小突然从外部自然环境进入一个封闭的室内空间的压抑感觉。从而达到内外空间的过渡,使室内有限空间得以延伸和扩大。我们可以通过在建筑入口处设置花池、花棚或盆栽,在门廊的顶部或墙面上作悬吊绿化,其造型形式要与外部环境绿化设计相统一,形成延续性;还可以采用借景的办法,通过玻璃和透窗,使室内外的绿化景色互相渗透、连成一片。既使室内的有限空间得以扩大,又完成了室内外空间过渡的目的。

2. 空间的提示和指向

在公共空间,人们的活动往往需要给予提供明确的行动方向。利用植物在公共空间的出入口、变换空间的过渡处、廊道的转折处、台阶坡道的起止点,可设置花池、盆栽作提示。最好是以植物的品种或造型来区分不同的过渡处,所有的过渡处不能都采用一样的植物和造型,这样适得其反,反而容易让人迷路。以重点绿化装饰来突出主要道路的出入口和楼梯的位置。借助有规律的花池、花堆、盆栽或吊盆的线型来布置空间的指向,形成无声的空间诱导路线,它有利于组织人流和疏导人流,起到间接的提示与指向的作用。

3. 空间的限定与分隔

建筑内部空间由于功能上要求划分为不同的区域,但又不能用墙间隔起来。如公共空间，常具有交通、等候、服务、休息、观赏等多功能的作用。这些多功能的空间，可以用绿化设计来形成或调整空间，把不同用途的空间加以限定和分隔，使各部分既能保持各自的功能作用，又不失整体空间的开敞性和完整性。如利用花池、盆花、绿帘、绿罩、绿墙等方法作线型分隔或面的分隔（图6-1）。

图6-1　空间的限定和分隔

4. 装点室内绿化环境

利用造型优美、色彩艳丽、具有生命力的植物作为室内环境空间的点缀，是任何其他物品都不能与之相比的。用其婀娜多姿、清新幽雅的独特艺术魅力来创造室内绿色气氛，常使人百看不厌，令人陶醉。具有自然美的植物，可以更好地烘托出建筑空间、建筑装饰材料的美，而且相互辉映，相得益彰。以绿色为基调、兼有缤纷色彩的植物不仅可以改变室内单调的色彩，还可以使其色彩更丰富、更调和。可以利用绿色植物来装点空间的死角，如在楼梯下部、墙角、家具或沙发的转角和端头、窗台或窗框周围等处布置绿色植物，可使这些空间景象焕然一新，充满生气，增添情趣。

植物与家具灯具的组合，可以创造出一种综合性的艺术装饰，增加室内的艺术效果。以植物来衬托立体装饰物，更能使之引人注目，丰富了层次，突出了主体。环境绿色成为室内装饰的主旋律。室内绿色植物的设置比例不可太大，一定要服从室内环境设计的要求，只需起到装饰和点缀的作用，不可大量的摆放而导致没有主次之分，没有重点装饰，要恰当点缀，切不可把装饰变成堆集。

5. 创造动势空间、质感空间

水、石与绿化的组合创造了动势空间、质感空间（图6-2）。

巧妙地利用流动的水来组织景观，营造构成水幕式的水墙，或是在上下楼梯侧旁营造跌水、流水、喷水、溢水等景观，从而创造出了有动势的空间。再配以有生命的绿色植物，增添了生气盎然的景象。流动的水给人以灵性，哗哗的流水声又形

图6-2　动势空间

成了美妙、自然的背景音乐和环境音乐。气候干燥时可以用流水调节湿度，天热的时候能用水降温。水与绿色植物的组合，更加为室内增添了诗的意境、画的构图。

各种质感和颜色的石材，如文化石、大理石、毛石、石英石、石灰石、太湖石、花岗岩石等各种具有天然颜色质地的石料，可以设计成背景、点景、主景。如在绿地中竖立一块造型优美的天然石或在绿色植物花坛、盆景等处装饰点缀一些石头，别有情趣。利用各种不同质地、不同颜色的石料砌成艺术墙面，墙里预埋水管，从墙面石材造型中流出涓涓溪水；利用藤本攀援植物、原木、棕榈叶、稻草等组合出别具洞天的景观，再造仙境，为室内增添无限生机和魅力。现代室内环境利用各种天然材料进行装饰的效果是其他人工材料所无法比拟的。这些空间具有质朴与自然感，使人有返朴归真之感，并且有让人怀恋的乡土气息。

二、室内绿化空间的设计手法

室内绿化设计可借鉴园林的装饰技巧，结合室内的建筑结构、室内的功能布局，根据室内设计风格而采用灵活多变的形式进行，其常用的几种手法如下：

1. 借景式

面积较小的空间，通过阳台、窗户外的绿化装饰，结合户外的景色，形成几个层次的景观，使室内的视觉空间向外延伸，同时也把室外的景色引进室内。窗户和门像精美的画框，把美景镶在了室内的墙上。

2. 室内外穿插式

根据建筑层的高低错落安排一系列的绿化设计，把绿化和各个建筑空间串联一起，以通透的大玻璃、隔墙、花格门窗、开敞空间、悬空楼梯、高低不等的梁柱等相互联系和渗透。

3. 室内庭园

在室内布置一片园林景色，创造室外化的室内空间。特别是在室外绿化场地缺乏或所在地区气候条件差时，室内庭园开辟了一个不受外界自然条件限制的四季常青的园地，在室内再造了一片自然空间。

4. 室内盆景

盆景是我国传统的优秀园林艺术珍品，它富有诗情画意和生命特征。用于装点室内，使人领略到大自然的风姿神采，以小见大。它源于自然，高于自然。人们把盆景赞誉为"无声的诗，立体的画"。盆景依其取材和制作的不同，可分为树桩盆景、山水盆景和石艺盆景3大类。

陈设盆景的几架，有红木古架、斑竹、树根、石材、金属等。绿化设计的附属设施选配得当，能使盆景更加生气盎然。

三、插花艺术

插花：插花在室内绿化装饰美化中，起到点睛的作用。它为室内创造文化内涵和艺术氛围，它能给人一种追求美、创造美的喜悦和享受，修心养性，陶冶情操。同时它还起到整个室内绿化的核心作用，它可以寓意、比拟、象征、揭示室内绿化设计的主题风格，表达室内居者的理想、追求，是现代文明社会人们美化室内环境的最佳形式。

1. 插花的特点

装饰性强，充分表达人的主观意愿，制作随意性强，时间性强，作品精巧艳丽。

2. 插花的要素

色彩、造型、线条、层次、间隙、动静。

3. 插花的特性

插花所采用的不同植物能表现出不同的意境和情趣。

4. 插花艺术的类别

（1）依花材性质分类

1）鲜花插花。

2）干插花。

3) 干、鲜混合插花。

4) 人造插花。

(2) 依插花的艺术风格分类

1) 东方式插花，也称线条式插花，以中国、日本、韩国为代表。它选材简练，以姿和质取胜，善于利用花材的自然美和所表达的内容美，追求意境美，并注重季节的感受。

2) 西方式插花，也称密集式插花。其特点是注重花材外形表现的形式、造型美和色彩美，并以外形表现主题内容；注重追求块面和群体的艺术效果，作品简单、大方、凝练，构图比较规则对称，色彩艳丽浓厚，花材种类多且用量大，表现出热情奔放、雍容华丽、端庄大方的风格。

3) 目前国际上新出现的写实派、抽象派、未来派以及含意更广的西方各国盛行的花艺设计在内的插花，其选材构思造型更加广泛自由，强调装饰性，更具时代感。

5. 插花艺术的基本构图形式。

(1) 盆景式构图形式。

(2) 对称式构图形式，也称整齐式或图案式构图。

(3) 不对称式构图形式，也称自然式或不整齐式构图。

(4) 自由式构图形式，这是近代各国所流行的一种插花形式，它不拘泥于形式，强调装饰效果。

依主要花卉材料在容器中的位置和姿态分有：水平式、直立式、倾斜式、下垂式。

6. 插花艺术的造型

插花造型制作前首先要明确立意，确定插花的主题思想，运用统一、协调、均衡和韵律四大插花造型构图原则，表达插花作品的思想内容和意义，做到意在制作先(图6-3、图6-4)。

(1) 根据花材的形态特征和品行进行构

图6-3 插花——找回自我

图6-4 插画——玄关

思，这是中国传统插花最常用的手法。如牡丹富贵、荷花吉祥、梅花坚强、松树智慧长寿、竹子秀雅挺拔。此外还常借植物的季节变化，创作应时插花，体现时令的演变。

(2) 根据造型组合构思立意，寓意一些美好的愿望。如用朴葵叶修剪成风帆的形状,表达出一帆风顺的意向;洁白高雅的马蹄莲、晶莹透亮的水晶玻璃插瓶进行组合,表达冰清玉洁、闲雅脱俗之意;利用山野采来的种果组合成插花造型,把金色的秋天气息带进了室内。

(3) 巧借容器和配件进行构思。陶炻器插花组合所表现的应是纯朴自然的主题;竹木器插花组合应是表现乡土气息的主题内容;金属、玻璃、水晶、塑料等容器所表现的应是现代感强的现代风格的题材内容。

7. 插花的具体方法与程序

有了成熟的表现主题的构思后,应根据环境条件的需要,决定插花作品的体形大小。一般大型作品高达 2～3m,中型作品高 50～100cm,小型作品高 10～50cm,微型作品高不足 10cm。插花艺术品的最大特点就是视觉效果,所以插花作品体形大小应当按照视觉距离要求,来确定花材之间和容器之间的宽窄、长短、大小比例关系,即最长花枝一般是容器高度的 1.5～2.5 倍。以下是几种类型的插花的制作过程。

(1) 高身容器插花制作过程(命名:飞跃)

花材:月季、火鹤、苏铁、绣球松、唐昌蒲。

容器和用具:深色粗质陶瓶。

步骤:①插衬景叶;②插摆花;③疏密高低调整,完成。

(2) 浅身容器插花制作过程(命名:含笑)

花材:月季、鸢尾、天冬草。

容器和用具:水仙盆、花泥。

步骤:①选材栽剪;②选插衬景叶;③插花,完成。

(3) 中型花篮制作过程(命名:欣欣向荣)

花材:唐昌蒲、菊花、棕榈、火鹤、蜈蚣草、热带兰、绣球松、天冬草。

容器和用具:中型花篮、花泥。

步骤:①先放花泥,后插衬叶;②插入常绿植物;③插摆外围花卉;④插摆内部花卉;⑤疏密高低层次的调整、花与叶的对比调整;⑥花叶上喷少量清水,完成。

(4) 大型花篮制作(命名:万紫千红)

大型花篮是种植各种不同色彩的观赏植物而构成的具有华丽色彩或纹样的种植形式。它的花材植物品种较多,选花材时要有深色花与浅色花的对比、大花与小花的搭配、阔叶与窄叶的组合。

容器和用具:角钢花盆架、中心木柱、砖胎、麦秸和花泥、蒲席片、铅丝。

步骤:①绑捆好花篮骨架,砌好花篮造型;②放入花泥,栽插植物、花卉及装饰草(大型花篮应画好设计图,按图制作)。

第二节 室内不同功能空间的绿化设计

室内绿化设计就是要创造一个美好的环境气氛,不仅要满足人们的物质功能上的需求,同时也要满足人们精神上的需求。

一、公共厅堂

公共空间绿化设计,可采用多种手法。如以巨大盆缸种植乔木,以走廊的栏杆作花池,以光棚的网架悬吊盆等,还有攀援、下垂、吊挂、镶嵌、挂壁形式以及盆景、插花和水生植物的配置形式。也可保留原地自然中的树、石、泉水,进行加工造景,也可将室外的水系引进来,或直接以水池、山石、流泉、植物、园林小品来造景(图 6-5)。

因为绿化设计是科学与艺术相结合的学科,比起绘画、音乐等纯艺术更受客观条件的制约,诸如材料、施工、功能、经济以及环境气候等的制约,所以必须充分考虑客观因素和人的使用功能要求。要考虑与人的协调关系,动静关系。如大尺度的植物,一般布置在靠近空间实体的墙、柱、

图 6-5　将植物等自然山水引入室内

墙角等较为安定的空间位置，尽量与人群的流动空间保持一定的视觉距离，让人观赏到植物的杆、枝、茎、叶、果的整体效果，以展现植物的舒展的枝体，用以改善僵直的建筑结构和枯燥单调的墙体，同时也不影响人群流动的畅通；中等尺度的植物可放在窗、桌、柜等略低于人视平线的位置，便于人观赏植物的叶、花、果，为四平八稳的窗台增加生机，打破桌与柜等的生硬线条，为室内增添了点、线、面的合弦；小尺度的植物往往是点睛之笔，出奇制胜，美丽精巧。盆栽的容器选配，要与所选的植物形状、大小比例相协调，色彩搭配适宜。盆栽可置于搁板之上或悬吊于空中，还可以放置在橱柜之顶，以其幽默之笔点化人们的美好环境。

在公共厅堂中，可以采用陈列的手法，摆放盆栽植物。在入口处、楼梯、道路两侧可以散点摆设、对称式或线型摆设。线型摆设还可用以区分空间、线路。在厅中摆设成片林，或建造花池、水池、景园等，用以分流人群。在共享空间上层栏板处建造悬空花池，栽植较耐阴的藤本植物，如常春藤、合果芋、天门冬、三角丝绸、绿萝等，形成垂直的绿化气氛，上下呼应，又使共享空间浑然一体，统一在绿色的景观中。

植物是室内绿化的主要素材，是观赏的主体。植物生长要有适宜的光照、温度和湿度，因此选择植物要根据室内的光照、温度和湿度来考虑，一般多采用喜高温、多湿的观叶植物和半耐阴的开花植物。

二、客厅

客厅（也叫起居间）是用以接待客人和家庭聚会的地方，一般其布置设计多是本着华贵、庄重、明快、大方的特点进行。宜选叶片较大的植物品种作为绿化装饰，不宜采用枝叶细小琐碎的植物，以免客厅产生零乱之感。

家居的客厅的绿化设计应着重活泼和趣味性，要反映出主人的爱好、性格、知识及艺术品味。在客厅角落摆放发财树、巴西铁等较大一点的植物，显得庄重大方。尤其是发财树，名字起得吉祥，更可贵的是发财树它有较快的净化空气的功能。近年来生物学家和植物学家发现发财树吸收二氧化碳及其他有害气体的能力高于其他植物,而且又能释放大量的氧,有利于清新室内空气,是室内植物的最佳选择。还可在客厅的沙发、茶几、柜等边缘处陈设一些花架,并在其上摆放万年青、龟背竹、海棠、蝴蝶兰、牡丹花等叶大株整而引人注目的植物;在窗前或墙壁中央的几案上摆放古朴多姿的树桩盆景或水石盆景,能引人细细地去品味,还可放一些嫁接的仙人球、仙人掌等类似雕塑的耐旱、常绿的植物,使客厅生机勃勃,春意盎然(图6-6)。

(a)

(b)

图6-6 客厅绿化

三、书房

书房需要有安静素雅的环境气氛,要有书卷气,绿化宜选用梅、兰、竹、菊四君子等类的有象征意义的植物。桌面上宜放小型素雅的插花或盆栽,例如兰草、水仙、梅花、风信子、富贵竹等。在书房摆上一两盆艺术水平高的盆景,不仅可以提高环境的品位,还可用以调解人们极度疲劳的大脑和视觉神经。

书房绿化设计一定要反映出主人的爱好和文化修养,反映出职业、文化艺术品味、个人喜好,所以在设计前一定要了解掌握不同人的不同需求。

四、餐厅与厨房

餐厅是绿化的重点。如果要举行宴席,花卉的装饰起到重要作用,营造了热烈的气氛。艳丽的花卉是最好的迎宾,可以在入口处摆放一组大型的组合插花,这是欢迎来宾的隆重的礼仪,使客人一进门就感到迎面而来的春天般的热情,会使客人倍感亲切、雅致。在餐桌上放置一盆精巧的插花,会使人迷醉,渲染了宴会的热烈场面。也可以用一种迷人的手法布置,即在每份餐具之间的桌布上放一束小花,或者在酒杯上插上一朵蔬菜做的小花,都会显得十分高贵、典雅。

餐厅宜在餐桌上摆放插花,餐桌中心的插花有两种形式:一种是用水晶玻璃花瓶,插上疏散型的花叶;另一种是采用平而矮的插花或花篮。这两种形式都是为了不遮挡客人的视线,利于用餐人的互相沟通。餐厅周边的角落以摆放形整而较大的观叶植物为宜。

餐厅里还可以以农作物产品(如南瓜、玉米、高粱、辣椒、木瓜、谷穗)和水果类(香蕉、苹果、西瓜、菠萝、樱桃)等作为陈设布置,在绿色环境里陈设农作物及蔬菜、瓜果,可以促进人的食欲。

厨房往往被绿化设计所遗忘,然而在厨房的墙壁上凹进去一块用作放置盆栽,或在壁上装饰一两处凸出的花台用作放置植物，还可以在墙角做几个三角格板，放置盆栽或盆景。一是装饰、美化了厨房，二是在厨房里操作的人能忙里偷闲欣赏一下绿色的艳美，消除油烟和热气带来的疲劳。

五、卧室

人的1/3的时间是在床上渡过的，卧室的空间是相对封闭的，人在卧室停留的时间长，所以卧室的绿化应极其注意。首先要挑选对人和环境有益的植物，应本着简单、淡雅、纯朴、耐阴的原则。应以观叶植物为主，不宜过多，植株不宜过大，忌用巨形叶片和植株细乱、叶片细碎的植物。因为这些植物在夜间，有的形状或影子能使人引起一些联想，影响人的休息睡眠。卧室最好以插花形式的绿化为佳，因为盆栽的土壤上的有机肥会散发出一些臭味。无论是盆栽或插花，都应采用无香味或淡香型的为好。浓香型的花香影响人的休息和入睡。卧室插花的器皿以水晶玻璃或带有条编的瓶罐为佳，显得洁净、高雅。

六、卫生间与浴室

卫生间与浴室的绿化，宜选用耐阴湿和闷热的观叶植物或花卉。例如马蹄莲、常春藤、菖蒲、绿萝、水仙、天门冬及蕨类等植物。卫生间与浴室的墙角可用玻璃做成格板装置盆花或插花。洗漱台上也可以摆放插花。卫生间与浴室里绿化用的器皿以水晶玻璃为最好，显得清纯、洁净。

第三节 室内花卉的选择

公共场所和家庭绿化、种养及摆放各种花卉，已成时尚，将大自然景色融入现代生活之中，让人赏心悦目、精神愉快，品味返朴归真、回归大自然的感受。将自然景物适宜地从室外移入室内，使室内赋予一定程度的园景和乡野气息，丰富了室内空间，活泼了室内气氛。然而，有些花卉外表虽美而内含毒液汁，要区别这些花卉，认清这些花卉的本质，稍有大意就可能发生中毒事故。因此，我们在室内绿化设计时，就应该预先考虑到这些不良的因素，不把有毒的植物花草放置到室内，尤其不能放进餐厅，要使其远离儿童。若户主坚持要一些有毒的花草，那么一定要向户主说明并讲解，哪些花草是有毒的，怎样预防，中毒后采用哪些措施等常识。

一、有毒花卉和对人体不利的品种

1. 圣诞花（又名一品红）

其整株都含有毒汁。其枝叶折断后，会流出白色乳汁状物质，它刺激皮肤，可引起过敏，起红斑块。误食后，可引起中毒死亡。

2. 洋金花（又名颠茄花）

其花外表很美丽，人们很容易放在鼻子上闻闻，或含在嘴里，会引起头昏、头痛、流泪、打喷嚏等症状。

3. 黄杜鹃（又名闹羊花）

其花叶和树液均含毒素。人畜误食可引起头昏、恶心、呕吐、拉肚子，并烦躁不安。

4. 花叶万年青

其茎叶内含有大量的草酸和天门冬毒素。如舌上沾有适量汁液，就会不能说话。误食后，可使口腔、喉咙和胃灼伤。

5. 夹竹桃（又名柳叶桃）

它的根茎叶和花果及其树液都不同程度地含有毒素——夹竹桃甙。其茎叶毒素含量最高，动物误食15mg就能致命。

6. 仙人掌类植物

它的茎刺有毒。人体皮肤接触后，会出现红肿、疼痒。

二、居室慎放的花卉

1. 兰花

兰花高贵典雅，深受人们的青睐，多

用来装饰书房、卧室等。但不是每个人都能享受的,因为兰花所散出的香气,久闻之会令人兴奋,对一些睡眠不好、神经脆弱或过敏的人容易引起失眠、身体不适等症状。

2. 月季花

月季花所散发出的香味、香气迷人,但个别人闻后会突然感到胸闷不适,呼吸困难。

3. 郁金香

郁金香的花朵含有一种毒碱,如果与它接触过久,会加快人的毛发脱落。

4. 夜来香

夜来香在晚上能大量散发出强烈刺激嗅觉的微粒,高血压和心脏病患者容易感到头晕目眩、郁闷不适,甚至会使病情加重。

5. 洋绣球

洋绣球花所散发出来的微粒,如果与人接触,会使有些人皮肤过敏,发生瘙痒症。

6. 百合花

百合花所散发出来的香味如闻之过久,会使人的中枢神经过度兴奋而引起失眠。

不要把有毒的花卉摆在桌案、床头及小孩能接触到的地方。

以上这些盆花的放置要根据室内居者的承受能力,谨慎设置,不能只顾装饰效果而忽视居家的承受能力,给居者带来烦恼。所以室内绿化一样要以健康和提高环境质量为宗旨,设计者要了解、熟悉植物的性能,真正做到美化环境,有利于人们健康,提高人们的生活水平。

三、室内观花、观叶植物品种的选择

适宜于室内长期生长的观叶植物很多,如网纹草、吊兰、巢蕨、羊齿苋、肾蕨、虎儿草、鸭跖草、一叶草、鹤望兰、热带兰、竹芋、花叶芋、合果芋、凤梨、万年青、火鹤花、吊竹梅、绿萝、秋海棠、龟背竹、常春藤、春羽、喜林芋、洞仙等。

还有一些多肉的植物及仙人掌类植物是我国传统常用的室内观赏植物,它们还能开出美丽的花,如仙人球、蟹爪兰、令箭荷花、虎尾兰、燕子掌、芦荟、景天、山影拳等。

用木本植物装饰室内,更具特色。如发财树、观音竹、铁树、鹅掌柴、棕竹、富贵竹、佛肚竹、鱼尾葵、散尾葵、南天竹、蒲葵、兜树、啤酒树、榕树、朱蕉、芭蕉。

讨 论 题

一、室内绿化设计的意义。
二、室内绿化空间设计技法有哪些?
三、室内绿化对人和环境有哪些益处?
四、室内陈设鲜花应注意哪些事项?

练 习 题

一、练习制作几种不同手法的插花造型。
二、画一张客厅绿化空间设计的效果图。

第七章　城市园林式绿化

城市园林式绿化建设，是城市发展不可缺少的内容之一，通过对不同性质、功能、用途的园林进行绿化，能够有效地改善城市的自然环境、调节气候、改善空气的质量，对保持城市的生态平衡、提高人们的生活、增加和美化城市的景观，有着重要的意义。

第一节　企事业单位的花园式绿化

企事业单位是城市的重要组成部分之一。合理规划好企事业单位的花园绿化，实施全面企事业单位花园式建设，对规划好城市总体建设有着重要的意义，也是城市建筑的远大目标。

一、校园的花园式绿化

校园的花园式绿化的主要目的是创造一个舒适、美丽、幽雅、安静的环境，以利于教学、体育活动、学术交流、科研等校园活动的进行。一般大专院校面积较大、地形起伏，所以在布置花园式绿化时，要因地制宜，根据地形的起伏，适当保留自然的特色，采用自然式、混合式或抽象式进行布局。局部较平坦的地形或是对称式建筑如校园前庭，可采用规则式的布局。而校园面积较城市园林式绿化而言，是城市总体规划的一个重要组成部分，合理安排好园林绿化是现代城市绿化建设不可忽视的一步。小的校园如中小学的花园式绿化，可采用规则式或混合式进行布局，以求得合理利用，并和建筑性质相协调，可形成建筑与环境协调一致、以创造美化环境为主的花园式绿化（图7-1）。

图7-1　教学区绿地总平面

1. 前庭

前庭为校园内大门与最近建筑之间的平面空间。有较明显的广场或大道。大门的绿化最好能与整个城市建筑环境一致。但校门内两侧如有较大的绿化空间，可以在靠近大门的内部区域栽种较有特色的树种，以表现校园的独有特色。道路旁可布置草坪、花坛、喷泉和雕塑。

2. 中庭

教学楼之间的绿地空间叫中庭。中庭绿化主要作用是点缀气氛，还可起到防护和隔离的作用，使得课间休息有一处较轻松自由的活动场所。要选用常绿的乔、灌木和竹子进行绿化。既要考虑教室的自然采光，还要考虑预留适当的空地作为人流活动的场所，做到两方面都能协调。墙基处可种植花草、爬藤植物等，高度应小于1.5m，而较高大的灌木应安排在窗口之间的位置。建筑物的东西向应种植较高大的植物，以防夏季东西日晒，还可以适当地调节温度。

3. 后院

后院处于学校建筑群的后方，一般来说这里的面积较大，有学校运动场、园艺、实验室等。所以要根据各种地形起伏，来栽植数行常绿乔、灌木，以减少外界对教室内的影响，也防止了周围的污染、风沙、灰尘的影响，并且有利于运动场所夏季的遮阳，又可起到分隔空间的作用。

二、幼儿园的花园式绿化

幼儿园是对3~6岁的学龄前儿童进行教育的机构。园区面积占地一般并不大，但分布地点较多，如在居民居住区内、街道旁。园区分前庭、中庭和游乐区。

1. 前庭

前庭部分要突出幼儿园的特色，在花园式绿化时要考虑种植颜色较鲜艳的花卉和色彩较丰富的植物，突出儿童的特征。前庭适宜种植树冠宽阔、遮荫效果好的落叶乔木，这样夏天能够遮挡烈日，冬季能够晒到阳光，是最好的选择，也有利于儿童的身体发育和健康。

2. 游乐区

游乐区一般设有儿童游玩的各种器械。其绿化多数以采用较空旷的草坪为主，种植少病虫害、遮荫效果好的落叶乔木。有些绿化可采用人工塑造图型，把植物塑造成一些造型简单的图案、动物形象，以适宜儿童教育、被儿童所喜爱。也可以设置棚架，种植开花的攀援植物，如紫藤、金银花等。

有条件的幼儿园还可设果园、花园、菜园，培养儿童的观察能力及热爱科学、热爱劳动的性格，同时寓教于乐。

幼儿园周围应种植成行的乔木、灌木、绿篱，形成一个浓密的防尘、降低噪声、防风沙的防护绿带。总之，幼儿园的植物选择宜多样化，多种植优美、少病虫害、色彩鲜艳、物候季节变化强的植物，使环境丰富多彩、气氛活泼，同时使儿童了解自然、热爱自然、增长知识。在游乐区范围内，为防止儿童因好动的性格受不合理植物种植设计的影响而产生危险，在儿童活动的地面空间范围内，不应种植灌木，以防止儿童在跑动过程中产生危险，应选择在场地四周边缘种植色彩丰富的各种灌木。考虑到儿童活动场地夏季需要遮荫、冬季需要阳光，应种植落叶乔木。另外，不要种植树果易脱落或多飞毛、有刺、有毒、有臭味及容易引起过敏症的植物。

三、医院的花园式绿化

医院的花园式绿化除一般的绿化功能外，更重要的是要创造一种安静而且能提供休养和治疗的花园式绿化环境。一般医院绿化布局面积大约占50%以上，仍未满足要求。某些区域的绿化密度应大些，如结核病院、精神病院。医院绿化布置也应首先考虑周围的边缘地带，要有明显的防护林带，用较高大乔、灌木使医院与周围其他环境相分隔，以防止外来的烟尘、噪声等的干扰（图7-2、图7-3）。

图7-2 某医院绿地总平面

图7-3 医院的花园式绿化设计

1. 前庭

医院门诊部一般设有较大的前庭，因为这是人流量较大的区域。其设计应以装饰为主，适当辅以大乔木。夏日乔木可以透出阳光，特别是在诊断室。还应有带花的草坪，配以喷涂、雕塑、花架小品、绿廊等。局部放置适当观花植物或观叶植物。前庭其他建筑物都应用适当的常绿林带加以分隔，形成花园式的布置。

2. 内园

住院部疗养区都有小庭园，其绿化布置一般多为草坪、花坪、花廊相结合。视线较广，充分考虑到自然光的利用，一般病人需要适当地散步，阳光照射有利于病人的康复。面积较大的内庭，也同样放置小雕塑和喷泉。但一定要注意花园式绿化布置要比例得当、形体协调，色彩方面适宜淡雅些、柔和一些，以供病人观赏。

3. 后院

后院一般可以布置成较自然形，可以利用得天独厚的地势的高低起伏，创造一种自然式园林景观。可设置凉亭、荷花池、小桥、假山，配以高大乔木。一般乔木的树冠较大，给人一种浓厚的自然景色，而且有利于病人的散步疗养。

四、工矿机构的花园式绿化

工厂由于各类性质的差别而有不同的厂房车间、道路绿化，一般选择那些耐性强的乔、灌木和花草进行绿化。

工厂的前区包括办公楼、裙楼、大门等外围环境。工厂前区一般在污染风的上方向，有较好的空气条件，绿化较好安排。区内设备管道布置少，环境也较整齐。前区必然是外客来往人流量最多的地方，而且也是体现厂容的关键位置。所以前区的园林绿化布置要与其建筑形式相同，从而创造一个美观、整洁、卫生的环境。如大门的绿化，应适当地考虑观花的需要以及草地、雕塑、喷水池、涂有艺术的装饰品的布置。如果厂区建筑物为中心对称形式，绿化则应采取规则式的布置，以形式美为主，创造美丽、明快、轻松的花园式绿化环境。

工厂的车间是生产的重地，也是工人最集中的地方。其绿化主要是为了让空气调剂人的精神，维护工人的身体健康，但绿化的布置不能妨碍生产活动。车间出入口可以布置花坛、草坪，配以灌木、海棠等。车间内部可以垂直布置绿化，如爬藤植物，攀于柱和较空的墙面上，可用来装饰、调剂精神，又可防晒、降低温度。

但车间的绿化种植不要太密，树种不要太高大，而影响光线和内部通风。车间内附设休息厅，座椅的附近可以栽种姿态优美的花木，营造宁静、优美的景观。车间附近的灌木应考虑栽种抗酸性的树种。对卫生要求较高的车间四周应全面铺设草坪，再配合栽种以乔、灌木。在防火要求高的车间周围适宜栽种珊瑚、银杏、柳等含水量较高的树种，这些树种遇到火烧时，有一定的阻燃作用。

五、宾馆园林的花园式绿化

宾馆、酒店主要接待国内外来宾，提供短期会议、住宿场所等。宾馆大多都处于城市交通便利的地方，小部分设在离市区较远的安静地带。建筑分为主楼、裙楼两部分。个别的渡假区占地面积较大的，则采用多层园林式布局。一般的宾馆有天台花园、游泳池、前庭、花园、后庭、网球场、园路及人造景观等，它们体现了宾馆的特色。

宾馆整体的园林绿化布局应做到建筑和环境协调一致，以创造一个花园式宾馆为目的。宾馆规模大小不同，但各花园的绿化功能均要满足宾馆住宿客人的休息和娱乐的需要，还应注意到各方面旅游的爱好及游览景观的需要，庭园的设计应尽量自然轻松，因地制宜，形成宾馆中不可缺少的园林休息、游览的空间。一般可用高低错落的绿色植物和花廊、花架来分隔大小不同的园林空间。各种园林空间中又有各自独特的景观，由园路连接各花园，各花园中又有园林小路连接各个小景点，形成多层次的游览景观，有利于客人游玩、观赏和休息。

宾馆园林绿化的风格，要创造具有民族风格的特色，根据不同地方各自发挥出当地的民族特点，以给顾客留下深刻的印象。宾馆的布局一般从外到内、从上到下，与建筑的风格结合，内外呼应，上下形成垂直的立体效果，花园之间设有绿化走廊、小径与各水池相呼应。从陆地的绿化到水池的荷花都形成和谐统一的花园式绿化景观，使客人有充足的观赏对象。建筑物与建筑之间布置花坛、草坪，使花园式绿化更加突出，以达到花园式绿化的目的。

后庭院设置较远、较静，一般布置为自然式花园。根据地形的错落布置绿化，使花卉、草坪有一定的起伏，以达到较大的绿化视觉效果。

第二节 住宅小区的花园式绿化

住宅小区是构成现代城市居住用地的有机组成部分，是提高人民生活水平的重要环节。人们在居住区学习、休息、活动的时间较长，绿化的好坏对居住环境和生活质量有重要的影响。居住区公共绿地一是创造了良好的户外活动空间；二创造了良好的生态环境，改善了小气候；三是满足了视觉需要，创造了色彩丰富、造型优美、尺度宜人的户外环境；四是防灾、减灾。

当今世界的潮流是关注环境的生态效益，推崇环保，许多发达国家都提出较高的要求。英国提出："生活接近自然"；法国提出：城市居住还应兼有城市现代化设施和乡村优美的自然环境；美国提出：改善人们的居住环境，创造接触自然的机会；中国许多城市也在可持续发展的前提下，提出了创造"园林式花园式城市"的建设目标。

在近代的现代建筑上，首创了室内共享空间，它以其强大的生命力风靡世界，各种室内中庭、四季厅层出不穷，为人们提供一个所谓的"共享空间"。小区园林花园式绿化，包括道路、广场、喷泉、草坪、花坛、绿篱、假山、连廊等，构成了整个住宅区的大型居民共享空间。更有甚者把建筑的一楼架空层也加入到园林绿化的行列中来，整个小区就是一个大花园。小区园林广场，更是人们的注意力集中的中心和设计高潮。

绿色植物的设置也是共享空间的重要内容，绿化能营造轻松自然的气氛，为人们提供一个轻松、优美的空间环境。共享空间立体层次上的植物设置也是非常有效的，用于绿化的花草树木轮廓自然、形态多变、错落有致，其本身不仅美化了建筑实体的生硬和单调感，还可以给人一种平易近人的氛围。同时人工建筑和自然景物相得益彰，彼此衬托，无形中增添了空间的表现力。

第三节 公共空间的绿化

城市的公共空间绿化是城市总体建设最重要的组成部分，它对调节道路的温度、湿度及减低风速、减少污染等起着不可忽视的作用。喧闹的城市中人们越来越渴望有一方绿洲，没有噪声，没有烟尘，没有污染，有绿茵和流水，人们可以彼此交流，舒适自然。

城市街道广场绿化是城市公共空间绿化的重要组成部分。

城市道路绿化不仅美化了市容、组织了交通，而且在净化空气、降低噪声和地面辐射等方面都起到积极的作用。

道路绿化包括人行道绿化带、防护绿带、基础绿带、公车绿带、广场和公共建筑前的绿化段、立交桥绿化、林荫路等多种形式。一个城市的道路绿化表现了城市设计的定位，构成城市框架的主干道的行道树和分车带的布置是城市道路绿化特点表现的主要之处。一条车道、二条绿化带（一板二带式），三条车道、四条绿化带（三板四带式），均是常见形式。

行道树种植宽度一般不小于1.5m，以占道路宽度20%为宜，可种植一行乔木和绿篱。它的种植不仅对行人、车辆起到遮荫效果，更可采用丰富多彩的形式美化市容。在交通量比较大、行人多而人行道狭窄的道路上，宜采用树池的方式。

在道路的交叉路口，必须在路转角留出一定的距离，称为"安全视距"，此三角区内不能有建筑物、树木等遮挡司机视线，布置植物时高度不得超过0.65~0.70m，视距宽为30~35m。

城市广场是人们政治、文化活动的中心，其周围布置了城市的重要建筑和设施。城市广场作为前景，应很好地衬托建筑立面，可设置花坛、草坪、低矮灌木、常绿针叶林、喷泉、雕塑、供人们休息的座椅等，而不宜种植高大乔木。

若其功能主要以集会、游行和节日联欢为主，如北京天安门广场、上海人民广场等，则一般不设绿地，以免妨碍交通，破坏广场的完整性

练 习 题

一、企事业单位有哪些类型，各自适应什么样的园林布局？

二、用草图勾画出某幼儿园前庭、游乐区设计平面图。

三、用草图绘制某宾馆天台花园绿化平面图。

四、分别用自然式和规则式两种风格绘制某学校中庭绿化平面图。

主 要 参 考 文 献

[1] 饶良修 主编. 中国室内设计年刊. 天津：天津大学出版社，2002
[2] 史春珊，袁纯煆 编著. 现代室内设计与施工. 哈尔滨：黑龙江科学技术出版社，1993
[3] 杜台安 著. 室内设计应用手册. 北京：中国轻工出版社，1999
[4] 苏丹 编著. 住宅室内设计. 北京：中国建筑工业出版社，1999
[5] 房志勇，林川 编著. 住宅室内装饰. 西安：西安交通大学出版社，1992
[6] 张绮曼，郑曙旸 主编. 室内设计资料集. 北京：中国建筑工业出版社，2000
[7] 孟铖，李说文，任世忠 著. 室内装饰设计规范程序. 深圳：海天出版社，1995
[8] 郑曙旸 编著. 室内表现图实用技法. 北京：中国建筑工业出版社，1991
[9] 周凡英 主编. 家庭居室设计与装饰装修大全. 北京：中国建筑工业出版社，1994